高等院校纺织服装类"十四五"部委级规划教材

U0151473

纺黏和熔喷非织造装备与技术

杨建成　刘玉军　戴惠良　编著

东华大学出版社
·上海·

"纺织之光"中国纺织工业联合会高等教育教学改革研究项目

内 容 提 要

本书详细介绍了纺黏、熔喷及纺黏和熔喷复合技术和装备、工艺过程、主要机械装置及工作原理,包括原料输送、螺杆熔融、熔体过滤、熔体计量、纺丝、牵伸、铺网、热轧、卷绕等;重点介绍了纺黏与熔喷复合(SMS)工艺技术、熔喷与其他技术组合及其相关理论;最后对纺黏法和熔喷法非织造布生产线的运行调试、喷丝板清洗技术等进行介绍。

本书可作为机械工程、纺织工程专业研究生、高年级本科生教材,也可供非织造企业及其他企业从事设计研究、产品开发的工程技术人员等参考。

图书在版编目(CIP)数据

纺黏和熔喷非织造装备与技术/杨建成,刘玉军,
戴惠良编著.——上海:东华大学出版社,2022.11
ISBN 978-7-5669-2136-9

Ⅰ.①纺… Ⅱ.①杨… ②刘… ③戴… Ⅲ.①非织造
织物−装备②非织造织物−生产工艺 Ⅳ.①TS17

中国版本图书馆 CIP 数据核字(2022)第 216545 号

责任编辑:吴川灵
封面设计:雅 风

纺黏和熔喷非织造装备与技术

FANGNIAN HE RONGPEN FEIZHIZAO ZHANGBEI YU JISHU

出　　　版:东华大学出版社(上海市延安西路 1882 号,200051)
出版社网址:http://dhupress.dhu.edu.cn
天猫旗舰店:http://dhdx.tmall.com
营 销 中 心:021-62193056　62373056　62379558
印　　　刷:上海颛辉印刷厂有限公司
开　　　本:787 mm×1092 mm　 1/16
印　　　张:12
字　　　数:336 千字
版　　　次:2022 年 11 月第 1 版
印　　　次:2022 年 11 月第 1 次印刷
书　　　号:ISBN 978-7-5669-2136-9
定　　　价:58.00 元

前言

近年来,纺黏与熔喷非织造技术以生产流程短、生产效率高、产品性能优良、高附加值和高技术含量等优点在医疗、卫生、汽车、土工建筑及工业过滤等领域需求快速增长,这两种非织造布在世界范围内获得了令人瞩目的高速发展,它们是两种有发展前途的技术。特别是在 2020 年伊始,一场突如其来的新冠 COVID-19 疫情肆虐全球,纺黏、熔喷布因为发挥了重要作用而备受关注。

我国的非织造布在近几年里不仅在生产能力上取得了进一步的发展,而且在市场开拓、产品创新、设备改造等方面也都有了长足的进步。各种新技术的出现不断拓展着非织造布的应用领域。技术发展如此之快,学校师生和企业技术人员都表示对这方面的技术和理论有着需求。为此,我们组织了高校、行业专家在结合自身多年的教学经验、科研成果及工作经验的基础上,编著了这本书。

本书介绍了近年来纺黏、熔喷非织造技术在原料开发、工艺技术和生产设备、主要机械装置及工作原理等方面的发展,介绍了纺黏与熔喷复合(SMS)工艺技术、熔喷与其他技术组合及其相关理论,最后对纺黏法和熔喷法非织造布生产线的运行调试、喷丝板清洗技术进行介绍。

本书由杨建成编写了第一章、第二章,杨建成、李丹丹编写了第六章、第七章,戴惠良编写了第三章,刘玉军编写了第四章、第八章,刘玉军、李春光、刘丰臣编写了第五章。全书由天津工业大学杨建成统稿。研究生刘家辰等参与了部分资料的收集、整理和绘图工作。作者谨向他们表示衷心的感谢,并借此机会向所有关心、支持和帮助本书编著、修改、出版、发行的同志们致以诚挚的敬意。

限编著者水平有限,书中难免存在不少缺点和错误,恳请专家、学者及使用本书的广大读者批评、指正,意见请寄:天津工业大学机械工程学院纺织机械设计及自动化系,或发送邮件:yjcg589@163.com。

编著者

2022 年 2 月

目录

第一章
绪　论

第一节　纺黏和熔喷非织造布

一、纺黏非织造布

纺黏法(spun bond)非织造布生产工艺是将聚合物熔融后,直接由熔体纺丝成网制造非织造布的工艺。纺黏法非织造布的生产流程是原料输送→螺杆熔融→熔体过滤→熔体计量→纺丝→冷却牵伸→分丝铺网→热轧→卷绕。

其具体流程是聚合物切片[如聚丙烯(PP)、聚酯(PET)、聚乙烯(PE)、聚酰胺(PA)等]经加热、挤压熔融成为熔体在喷丝板喷出,经气流牵伸变为大量的细纤维,然后杂乱成网,通过不同的固结方法(如热轧、水刺、针刺、化学黏合)将纤网固结成布。

纺黏法非织造布的生产工艺具有工艺流程短(如生产 PP 非织造布时,从 PP 切片投入料斗到形成产品仅需十多分钟时间),生产速度快(目前已达到 800 m/min),产量高(目前已有年产能力大于 20 000 吨的生产线),用工省,对环境无不良影响等特点,是一种持续快速发展的非织造布生产工艺。

纺黏法非织造布生产工艺是 20 世纪 50 年代,分别由美国杜邦(DuPont)公司和德国科德宝(Freudenberg)公司开发的,在 20 世纪 60 年代中期开始了工业化生产。1986 年,中国从德国引进了第一条纺黏法非织造布生产线,经过多年的努力,生产能力和产量已进入了世界的前列。

纺黏法非织造布技术具有工艺流程短、成本低、生产效率高、产品性能优良等特点,制备的产品广泛应用于医疗、卫生、汽车、土工建筑及工业过滤等领域。

二、熔喷非织造布

熔喷法(melt blown)非织造布是采用熔喷法工艺制造的非织造布,也属于直接使用熔体纺丝成网工艺制造的产品。熔喷法非织造布的生产流程是原料输送→螺杆熔融→熔体过滤→熔体计量→纺丝→热风牵伸→铺网→卷绕。

其具体流程是聚合物切片(如聚丙烯、聚酯、聚乙烯、聚酰胺……)经加热、挤压熔融成为熔体在喷丝板喷出,经热气流牵伸变为大量的细纤维,喷射到带负压的网帘上形成纤网,最终将纤网固结成布。

美国埃克森(Exxon)公司在 20 世纪 60 年代开始了熔喷技术的研究,并最早取得了技术专利。这个工艺目前仍为熔喷法非织造布行业广泛使用的主流生产工艺,其特点是采用单排喷丝孔,用热气流牵伸,牵伸热气流从喷丝板的两侧呈一定角度吹出。

熔喷法非织造布生产工艺是采用高熔融指数(简称为MFI)的聚合物切片、经过挤压加热、熔融成为流动性能很好的高温熔体后,利用高温、高速的热气流将从喷丝板中喷出的熔体细流吹散成很细的纤维,在接收装置(如成网机)上聚集成纤网、并利用自身的余热互相粘结成布的生产过程。具有工艺流程短(从投料到形成产品仅需十多分钟时间),设备简单(如一般的生产线都不需要固结纤网的设备),纤维细(纤维直径达到微米级甚至亚纳米级),产品的性能多样化等特点。

熔喷法是目前制造精细过滤材料及高阻隔性能材料的重要工艺,也是制造纳米材料的一种方法,是一种仍在迅速发展的技术。

熔喷法非织造布工艺的首个英文字母为"M",熔喷布也简称布,熔喷系统也简称为系统,有时也称为"MB"系统。一般独立的熔喷法非织造布生产线大多仅有一个纺丝系统,也可根据市场要求在生产线中配置两个或更多个熔喷系统,组成MM或MMM型生产线。

在纺黏和熔喷复合(SMS)生产线中,MB系统是重要的系统,对产品的应用性能(透气性、阻隔能力)有很大的影响,为了提高生产线的生产能力和产品的质量,在一条生产线中会配置有多个MB系统。

熔喷法非织造布主要用作复合材料、过滤材料、保暖材料、卫生用品、吸油材料及洁净布(擦布)、电池隔膜等,广泛应用于医疗卫生、汽车工业、过滤材料、环境保护等领域。

熔喷法非织造布主要用于二步法SMS材料和医疗卫生领域以及用作包覆材料,还可以用作擦拭和吸收材料;用作过滤及阻隔材料也是熔喷布的重要用途。

三、纺黏和熔喷复合非织造布

熔喷布(简称M)具有均匀度好、过滤效率高或阻隔能力强的优点,但由于熔喷纤维的强度较低,纤维间的黏合强度不足,因而力学性能差,强力较低,延伸小,不耐磨,未经处理前,一般难以独立使用。纺黏布(简称S)的强力大,耐磨性好,但均匀度较差,过滤精度低。在纺黏和熔喷产品的复合结构中,纺黏材料作为骨架材料起支撑作用,可提供良好的尺寸稳定性及耐磨性等;而熔喷材料则可提供优良的隔离、吸收、过滤等性能,通过特殊处理后还可具有其他功能,如抗紫外辐射、抗静电等。纺黏和熔喷产品的复合结构将两者优点整合,达到优势互补的效果,使产品既具有较好的过滤、阻隔作用而又有良好的透气性。

纺黏和熔喷非织造布就是使用复合技术将熔喷法非织造布与纺黏法非织造布复合在一起、而形成具有"三明治"式结构的新型非织造材料。纺黏和熔喷非织造组合布,通常写成SMS,SSMS,SMXS(X可以是S或M),SMMS,SSMMS,SSM-MS,SSMMXS,SMMMS,SMMM-S,SMMMXS,SSMMMS,SSMMMMS等。SMS是泛指由两种纤网组成的、具有"三层"结构的复合产品,是这一类产品的统称。由于SMS型产品整合了纺黏布及熔喷布的优点,具有强力高,耐磨性好,过滤效率高或阻隔能力强的性能,已在医疗、卫生、保健、防护制品领域得到了广泛的应用。而经过抗静电、拒水、拒酒精、拒血液功能处理的产品更是高端医疗防护用品的首选材料。

纺黏和熔喷非织造布按复合方式可分为在线复合SMS、离线复合SMS和一步半法复合

SMS。

在线复合(即一步法)是把纺黏、熔喷生产线合在一起的技术。该技术可根据产品的性能要求随机调整纺黏层和熔喷层的结构比例,可生产轻薄型产品,克重最低为 12 g/m^2。但该方法投资大,技术难度较大,不适合小订单生产。离线复合(即二步法)就是将两种技术分别制得的非织造布通过一定工艺合在一起。该方法投资小、见效快,适合小订单生产,但产品性能不够理想。鉴于在线复合投资大,而离线复合产品不够轻薄,出现了一步半法复合工艺。其优点是解决了离线复合不能生产轻薄型产品的问题,工艺调节灵活,可通过更换不同颜色、克重的纺黏非织造布来灵活改变产品品种。

第二节 纺黏和熔喷非织造布的应用

一、纺黏非织造布的应用

(一) 纺黏法非织造布的应用领域

非织造布的用途与国家的国情、地理环境、气候、生活习惯、经济发展程度等相关,但其应用领域基本是相同的,只是各个领域所占的份额会有差异。图 1-1 是纺黏法非织造布的应用分布图。从图中可见,医疗卫生领域约占 50%,是主要的使用方向。

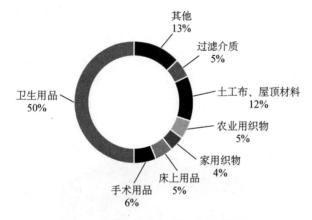

图 1-1 纺黏法非织造布的主要用途

(二) 纺黏法非织造布的主要用途

1. **医疗用品** 手术衣、帕、帽、鞋套、救护服、护理服、手术帷幕、手术罩布、器械罩布、绷带、隔离服、病号服、袖套、围裙、床罩等。

2. **卫生用品** 卫生巾、尿片、成人失禁产品、成人护理垫等。

3. **服装** 服装(桑拿服)、内衬、衣袋、西服罩、服装衬布。

4. **家庭用品** 简易衣柜、窗帘、浴室挂帘、室内花卉服装、擦拭布、装潢布、围裙、沙发罩、桌布、垃圾袋、电视罩、空调罩、风扇罩、报纸袋、床罩、地板革基布、地毯基布等。

5. **旅游用品** 一次性内衣、裤、旅游帽、野营帐篷、铺地布、地图、一次性拖鞋、百叶窗、枕套、美容裙、椅背罩、礼品袋、吸汗带、储物袋等。

6. **防护服** 化学防护服、电磁防护服、防辐射工作服、喷漆工作服、净化车间工作服、防静电工作服、修理工工作服、病毒防护服、实验室服装、参观服等。

7. **农业用** 蔬菜大棚幕布、育秧布、禽畜舍棚覆盖布、水果袋套、园艺用布、水土保持布、防霜布、防虫布、保温布,无土栽培、浮动覆盖、蔬菜种植、茶叶种植、人参种植、花卉种植用布等。

8. **建筑防水用** 沥青油毡布、屋顶防水布、室内贴墙布、装饰材料等。

9. **土工布** 机场跑道、公路、铁路、街道路基、排水工程、堤坝、港口、隧道工程、垃圾填埋场、废物回收及处理场所、水土保持工程等用布。

10. **制造业** 人造革基布、鞋里衬、鞋带等。

11. **车用布** 车顶呢、车篷衬里、行车厢衬里、座椅套、门板内衬、防尘罩、隔音、隔热材料、减震材料、车罩、篷布、游艇罩、轮胎用布等。

12. **工业用布** 电缆用衬袋、绝缘材料、过滤清洗用布等。

13. **包装用布** CD包装袋、箱包衬里、家具衬里、防虫剂包装袋、防臭剂包装袋、购物袋、大米袋、面粉袋、化肥袋、水泥袋、产品包装等。

二、熔喷非织造布的应用

熔喷非织造布主要用作复合材料、过滤材料、保暖材料、卫生用品、吸油材料及洁净布(擦布)、电池隔膜等,广泛应用于医疗卫生、汽车工业、过滤材料、环境保护等领域。

从图1-2可看到,在国外,熔喷法非织造布主要用作两步法 SMS 材料和医疗卫生用材料及包覆材料,另外擦拭和吸收材料、过滤及阻隔材料也是熔喷布的重要用途。各种典型用途的熔喷法非织造布规格见表1-1,国内熔喷法非织造布的应用领域及份额见表1-2所示。

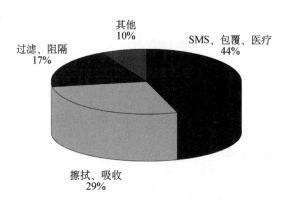

图1-2 国外市场熔喷法非织造布的应用领域分布图

表1-1 各种典型用途的熔喷法非织造布或熔喷复合布规格

产品定量 (g/m²)	0	20	40	60	80	100	120	140	160	180	200
卫生保健 SMS			30～60								

（续表）

产品定量（g/m²）	0	20	40	60	80	100	120	140	160	180	200
医疗 SMS			30～60								
过滤材料		5～50									
擦拭用品					60～120						
吸收材料							80～160				
特殊用途		5～150									

表 1-2　国内熔喷法非织造布的应用领域及份额

应用领域	过滤	吸收	医疗	卫生	服装	弹性体	擦布	热熔等
所占比例(%)	23	22	19	16	6	6	3	5

1. **医疗防护用品**　由于熔喷布与纺黏布复合的材料有较高耐静水压能力,有良好的透气性和过滤效果,特别是与膜复合的材料,具有良好的阻隔性能,对非油性颗粒的过滤效率可达 99% 以上。

如用定量规格为 60～100 g/m² 的复合材料制成的医用防护服,能有效地阻隔微生物、颗粒和流体,对类似 SARS 病毒(尺寸为 45 nm)、HIV 病毒(尺寸为 90 nm)有很好的防护作用。

2. **空气过滤用材料**　经过静电驻极处理的熔喷复合材料,用于空气过滤时,具有初始阻力低,容尘量大,过滤效率高[在 32 L/min 流量状态下,对 0.3 μm 粒径的过滤效率可达99.9%,阻力仅为 117.7 Pa(12 mm 水柱)]等特点,广泛应用于电子制造、食品、饮料、化工、机场、宾馆等场所的空气净化处理。

各种空气调节设备的过滤装置,医用高性能口罩,除尘器滤袋也可用这种材料制造。

3. **液体过滤用材料**　熔喷法非织造布还可用作液体过滤材料,能过滤 0.22～10 μm 粒径的颗粒。如细菌、血液及大分子物质。主要应用于电子工业的感光抗蚀剂的过滤,医药工业药物、生物等。

合成血浆产品过滤,食品工业的饮料、啤酒和糖浆液过滤,医药工业药物、生物、合成血浆产品过滤,食品工业的饮料、啤酒和糖浆液过滤,电镀液精滤,水厂净水过滤,自来水净化过滤,电解水制氢的过滤,环境废水过滤等。

具有亲水性能的 PP 熔喷法非织造布,可用来制作手机的电池隔膜。

4. **保温材料**　熔喷法非织造布具有比表面积大、空隙小(孔径≤20 μm)、孔隙率高(≥75%)等特点。如平均直径为 3 μm[相当于纤维平均线密度为 0.064 dtex(纤度为 0.058旦)]的熔喷法非织造布纤维的比表面积达 14 617 cm²/g,而平均直径为 15.3 μm[相当于纤维平均线密度 1.67 dtex(纤度为 1.5 旦)]的纺黏法非织造布纤维的比表面积仅为2 883 cm²/g。

由于空气的导热系数比一般的纤维小很多(表 1-3),熔喷法非织造布孔隙内的空气使其导热系数变小,穿透熔喷法非织造布纤维材料传导的热量损失就很少,而且无数超细纤维表面的静止空气层阻止了由于空气的流动而发生的热交换,因而使其具有很好的隔热、保暖作用。

表1-3 常用纤维材料、空气的导热系数　　　　单位:W/(m·K)

种类	导热系数	种类	导热系数
空气	0.026	羊毛	0.193
棉絮	0.461	氯纶	0.167
黏胶纤维	0.289	聚酯纤维	0.141
聚酰胺纤维	0.243	聚丙烯纤维	0.117

聚丙烯(PP)纤维是现有纤维材料中导热系数最小的品种,经过特殊处理[如加入35%的高特(粗旦)PET三维卷曲纤维]的由PP纤维制造的熔喷保暖絮片,保暖性能是羽绒的1.5倍,是普通保暖棉的15倍,特别适用于制作滑雪服、登山服、被褥、睡袋、保暖内衣、手套鞋履等。定量为65~200 g/m² 的产品已被用于制作寒冷地区军人的保暖服装。

5. 吸油材料　由于PP纤维具有良好的疏水亲油性,密度小(0.91 g/cm³),吸水率低(0.01%),回潮率为0.05%,具有不溶于油类和耐酸碱等稳定的化学特性,是非常优良的吸油材料。PP原料生产的熔喷法非织造布的吸油量是自重的15~17倍(表1-4),吸水量是自重的0.07~1倍。它具有吸油速度快,吸油后能长期浮在水面,可重复使用等特点,是目前最常用的吸油材料。

表1-4 PP熔喷材料静态吸油性能

油样品牌	熔喷法非织造布样品自重(g)	初次吸油量		循环使用吸油量	
		吸油量(g)	吸油量/样品重(倍)	吸油量(g)	吸油量/样品重(倍)
10号机械油	0.347 8	4.862 1	14.0	3.480 3	10.0
	0.324 8	4.666 9	14.4	3.383 0	10.4
14号柴油机油	0.355 4	7.953 6	22.4	7.160 7	20.1
	0.332 4	7.364 1	22.1	6.645 7	20.0
管输原油(40℃)	0.303 8	7.625 9	25.1	5.254 5	17.3
	0.286 5	7.421 1	25.9	5.092 1	17.8

资料来源:东华大学《非织造布工艺技术研究论文集》。

6. 擦拭及产业用材料　熔喷布还有优良的擦拭材料,可用于精密仪器、设备的清洁、擦拭,也可用作家庭生活擦拭布。为了防止在使用中有纤维脱落,影响使用,常使用低温热轧工艺来增加熔喷布的表面强度。

熔喷布是优良的隔音、缓冲材料,在建筑、汽车制造领域得到广泛的应用。

三、纺黏与熔喷复合(SMS)非织造布的应用

SMS复合技术充分利用了纺黏产品和熔喷产品的技术优势,大大扩展了非织造布的应用领域。SMS产品既有纺黏层固有的高强耐磨性,同时又有中间熔喷层较高的过滤效率、阻隔性能、抗粒子穿透性、抗静水压、屏蔽性以及外观均匀性,从而实现了良好的过滤性、阻液性和不透明性。以PP为主原料的SMS复合非织造布具有如下的优异特性:

(1) 均匀美观的外观;

(2) 高抗静水压能力;

(3) 柔软的手感;

(4) 良好的透气性;

(5) 良好的过滤效果;

(6) 耐酸、耐碱能力强。

另外,还可以对SMS非织造布进行三抗(抗酒精、抗血、抗油)和抗静电、抗菌、抗老化等处理,以适应不同用途的需要。正是由于SMS产品优异的特性,才决定了其广泛的用途。

1. **薄型SMS产品** 因它突出的防水透气性,特别适用于卫生市场,如做卫生巾、卫生护垫、婴儿尿裤、成人失禁尿裤等的防侧漏边及背衬等。

2. **中等厚度SMS产品** 适合使用在医疗方面,制作外科手术服、手术包布、手术罩布、杀菌绷带、伤口贴、膏药贴等;也适合于工业领域,用于制作工作服、防护服等。在这一应用领域,过去一直是水刺布的天下,因其具有良好的柔软性、吸水性,外观、性能又最接近传统的纺织品,曾一度得到推广并沿用至今。但水刺布抗静水压能力较差,阻隔能力也不够理想。目前在医疗市场上,这两种产品基本上平分秋色。如今,SMS产品以其良好的隔离性能,特别是经过三抗和抗静电处理的SMS产品,更加适合作为高品质的医疗防护用品材料,在世界范围内已得到广泛应用。

3. **厚型SMS产品** 广泛用作各种气体和液体的高效过滤材料,同时还是优良的高效吸油材料,用在工业废水除油、海洋油污清理和工业抹布等方面。

随着社会的发展,SMS系列产品在卫生、医疗、工业、农业、家居装饰、社会生活等各方面也得到进一步的推广和应用。

第三节 纺黏和熔喷非织造技术装备特点及发展趋势

一、纺黏和熔喷生产技术的差别

虽然纺黏和熔喷两种非织造布的产品特性不同,但是其生产过程却十分类似,都是经过熔融、过滤、熔体计量、喷丝、牵伸、黏合、卷绕等过程,因此使得以SMS为代表的纺黏和熔喷复合材料的出现,充分利用了两种技术的优势。纺黏层使产品增加了纵、横向强力,而超细纤维的熔喷层又大大地提高了产品的外观均匀性和抗水性,弥补了纺黏布均匀性较差、熔喷布强度较低等的不足,在应用于用即弃产品方面拓展了更广泛的应用领域。

但是,从技术角度分析,纺黏和熔喷这两种不同生产技术还是存在很大的差别,主要表现在以下几个方面。

(1)对原料的要求不同。纺黏法要求聚丙烯树脂的 MFI 在 $20\sim40$ g/10 min 范围,熔喷法则通常采用 MFI 在 $400\sim1\ 200$ g/10 min 之间的聚丙烯树脂。这是因为聚丙烯树脂 MFI 越高,熔融黏度越低,熔体的流动性越好,纤维就越容易被牵伸,因而容易获得单纤纤度很细的纤维。

(2)纤维的牵伸速度不同。熔喷法纤维的牵伸速度可达 30 km/min 以上,而纺黏法的纤维牵伸速度最高只能达到 6 000 m/min。

(3)牵伸距离不同。纺黏法的牵伸距离为 $2\sim4$ m,而熔喷法只有 $10\sim30$ cm。

(4)冷却和牵伸的条件不同。纺黏法丝条的冷却是靠空调冷却风,即丝条先冷却,形成初生纤维,然后在冷却风和抽吸风的共同作用下牵伸;而熔喷法的丝条从喷丝孔出来后,在热风的作用下牵伸,丝条的冷却是靠自然风(实际上为车间内的空调风)。

(5)纺丝温度不同。由于熔喷纤维的牵伸距离短,要求熔体有更好的流动性,因此其纺丝温度要比纺黏法高 50 ℃~80 ℃。

二、纺黏非织造设备的特点

(一)高速化

德国的 Reifenhauser(莱芬豪舍)公司在冷却、拉伸、铺网等工艺方面进一步优化了 Reicofil Ⅳ 型纺黏设备,通过增强正压拉伸、增加喷丝板宽度和喷丝孔数量,生产速度和生产线的年产量显著提高。例如,PP 的纺丝速度最高增加到了 5 000 m/min,生产线的产量提高到了 20 000 t/a。美国 Nordson(诺信)公司研发了幅宽为 3.6 m 的双模头纺黏非织造设备。该设备采用了美国 J&M Laboratories 公司和日本 NKK 公司的技术以及狭缝拉伸技术,且适于加工多种聚合物丝,包括 PET、PP 等。该设备加工 PET、PP 的纺丝速度最高分别可达 8 000 m/min 和 5 000 m/min。产品幅宽最大为 5 m,最薄的纺黏非织造布克重为 10 g/m²,纤维最细为 0.89 dtex(0.8 旦)。

法国 Perfojet(已被 Andritz 集团收购)公司生产的 Perfobond3000 纺黏设备采用整幅的狭缝拉伸技术,且将喷丝板与机器的前进方向的夹角设计为 45°,不仅在相等幅宽内增加了喷丝孔的数量,而且提高了纺丝速度,并改善了非织造布的纵横向强度比。

(二)差别化

纺黏可与针刺、水刺、气流成网、梳理成网等多种非织造加工技术进行差别化组合。例如,中国恒天重工股份有限公司推出的纺黏/水刺生产线,其纺丝部分采用是的美国希尔斯公司的橘瓣型双组分纺丝技术,拉伸部分引入了希尔斯公司的整板正压拉伸技术,水刺部分使用的是恒天重工公司自行研制的水刺装备。再如,大连华阳化纤工程技术有限公司推出了小板管式气流牵伸双组分复合纺黏水刺生产线以及涤丙两用纺黏针刺＋水刺非织造布生产线。

此外,大连合成纤维研究设计院股份有限公司与江苏省仪征市海润纺织机械有限公司共同研究开发了新一代聚酯纺黏针刺非织造布生产线,并已投入市场。从运行生产线的生产情况看,第二代生产线具有第一代生产线无法比拟的优点,如产品的均匀度以及产品性能指标明显提高,机器的调整操作更方便,运行成本大大降低等。

(三)绿色环保、低功耗

在纺黏非织造设备的发展过程中,应重视节能、环保和资源的循环利用。例如,Nanoval纺黏技术采用常温气流施加拉伸和爆裂作用,比熔喷更加节能;宏大研究院研发的低压纺丝成网技术以及大连华阳公司研制的特殊气流拉伸装置,均能达到节能降耗的目的。资源循环利用方面,如德国Oerlikon Neumag(欧瑞康纽马格)公司的双组分纺黏设备降低了皮层含量以利于废料回收;大连合成纤维研究设计院新开发使用的纺黏斜网帘成网技术及纺丝箱侧吹风装置专利技术可以降低50%的侧吹风风量,生产运行成本大大降低。

(四)高效率及高灵活性

Oerlikon Neumag(欧瑞康纽马格)公司开发了幅宽达7 m的纺黏生产线。该生产线为SMS三模头配置,使生产效率得到了提高,既可加工单组分产品又可加工双组分产品。同时,其分段式结构还可自由调节产品的幅宽,几乎可以加工所有可纺聚合物,有很强的灵活性和适应性。

日本卡森(Kasen)公司多年来在世界上以喷丝板的设计和加工制造而闻名,该公司近年来也进入了纺黏非织造领域。目前,该公司已在日本国内销售了两条纺黏生产线,一条是幅宽为5 m的皮芯型PE/PP双组分复合纺黏生产线,另一条是PP纺黏生产线,还向国外提供了一条既可生产PP又可生产PET的柔性纺黏生产线。山东俊富非织造材料有限公司从德国引进了纺熔非织造布生产线,其幅宽为4.4 m,速度达800 m/min,年产量达1.6万t,产值近4亿元。山东金禹王防水材料有限公司拥有完全自主知识产权、幅宽7 m的PET纺黏针刺土工布生产线。

(五)双组分及多功能化

上海合成纤维研究所研制的我国第一条双组分复合纺黏生产线,结束了我国没有双组分纺黏非织造布技术的历史,可以生产PE/PP皮芯双组分、克重为16~200 g/m² 的产品。这种双组分纺黏非织造布比传统的丙纶纺黏非织造布手感更滑爽,拒水性更好,也更容易与PE膜复合。

江西三江集团建成了我国首条拥有自主知识产权的双组分纺黏水刺超细纤维非织造布生产线,其幅宽为1.7 m,预计年生产能力达2 000 t。该公司橘瓣型产品的纤维细度可稳定控制在0.165 dtex。其纺黏非织造布手感柔软、纤维特细、悬垂性好,适合用作高级合成革基布、高级抹布和高级滤材。

欧瑞康纽马格公司AST纺黏设备生产的双组分产品包括皮芯型、并列型和海岛型。其纺丝速度可达8 000 m/min,单丝纤度为0.55~6.6 dtex,可生产PET、PA、PP、Co-PET和PE的双组分纺黏产品。它所生产的皮芯型双组分纺黏法纤维,皮层的含量只有5%,产品手感柔软,废丝可回收利用,废品率低。

三、熔喷非织造设备的特点

熔喷非织造设备的改进优化之处主要在熔喷模头、自动化、驻极等方面。

(一) 熔喷设备的模头改进

模头是熔喷技术中最重要的设备。Exxon 公司与 Biax 公司研发的熔喷模头分属两种最典型的技术类型。Exxon 公司设计的熔喷模头含有一排喷丝孔,模头尖带有 30°～90°的角度,喷丝孔两侧为两条热空气狭缝,如图 1-3 所示。Biax 公司开发的熔喷模头含有多排喷丝孔,在喷丝孔周围环绕着同心气孔,如图 1-4 所示。这些纺丝组件提高了生产率,改善了熔喷产品的质量。

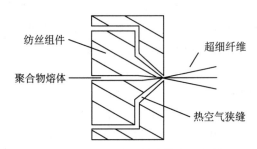

图 1-3　Exxon 公司熔喷模头示意图

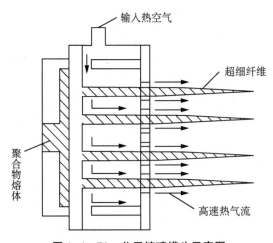

图 1-4　Biax 公司熔喷模头示意图

随着熔喷技术的创新与发展,模头的纺丝孔整体结构也发生了变化,由最初的狭缝式发展到三角形、方形、圆形等形状,如图 1-5 所示。这些新型的模头设计能降低能耗、节约成本,还可显著提高生产率及熔喷产品质量。Kimberly-Clark 公司开发的狭缝式喷丝孔模头也具有很好的创新性,其喷丝孔是一条狭缝,而不是单孔。聚合物熔体从狭缝式喷丝孔挤出时将形成薄膜,为得到单丝,狭缝被设计成一侧壁上凿有沟槽,而另一侧壁低于有沟槽的一侧。这种模头可显著地减少喷丝孔的堵塞,且维修方便。

随着各种加工技术的发展与成熟,模头喷丝孔的直径也做得越来越小。常规熔喷模头喷丝孔直径在 0.2～0.5 mm,而美国 Hills 公司的熔喷模头的喷丝孔直径为 0.12 mm,制备的纤网单丝直径可达 250 nm。Nonwoven Technologies 公司研发的模头具有孔径小到 63.5 μm 的喷丝孔,可制得直径约为 500 nm 的熔喷纤维。

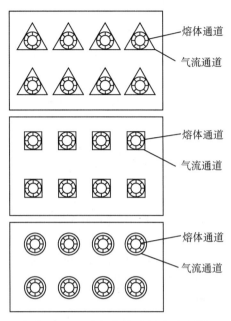

图 1-5 几种形状的喷丝头孔结构

（二）熔喷设备平行板喷头的改进

常规平行板喷头的基本组件包括带有机筒的单螺旋挤压机、混合器、齿轮泵、空气软管和常规平行板模具(其上有喷丝孔)等。聚合物切片通过水平安装的单螺旋挤压机熔化和加压形成聚合物熔体,并经混合器混合,再通过齿轮泵,用两根空气软管把聚合物熔体按照设定的输出量输送给常规平行板模具。

如图 1-6 所示为改进Ⅰ型平行板喷头喷丝孔与气流喷嘴示意图,主要是在常规平行板模具上的每个喷丝孔两边各增加一个与喷丝孔平行的气流喷嘴,用于运输气流拉伸纤维;常规平行板喷头和平行板喷头在相同工艺条件下生产的纤维直径,结果显示平行板喷头生产的纤维直径较大。这是因为在标准压力和温度条件下,常规平行板喷头的气流速度为 1.05 m³/min,而平行板喷头的气流速度只有 0.33 m³/min,这可能是连接到平行板喷头上的空气软管数量有限造成的,也可能是平行板喷头上喷丝孔周围的气流喷嘴数量有限造成的。

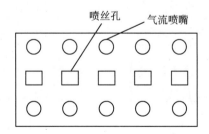

图 1-6 改进Ⅰ型喷丝孔和气流喷嘴设计

如图 1-7 所示为改进Ⅱ型喷丝孔和气流喷嘴设计,在改进Ⅰ型上增加喷丝孔周围的气流喷嘴数量,将改进Ⅰ型上每个喷丝孔周围的气流喷嘴数量由两个增加到四个,并在改进

Ⅰ型的常规平行板模具上钻一个孔,这样可以增加一个存储空气的进气室,再将两根空气软管连接到该进气室中,以增加气流量拉伸纤维。改进Ⅱ型的气流速度从改进Ⅰ型的 0.33 m³/min 提高至 0.57 m³/min,气流速度加快使得纤维变细,在相同工艺条件下改进Ⅱ型生产的纤维直径比改进Ⅰ型生产的纤维直径更细。

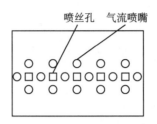

图 1-7　改进Ⅱ型喷丝孔和气流喷嘴设计

改进Ⅱ型设计简单,其成本仅为常规平行板喷头的 1/10。但是,在相同工艺条件下,常规平行板喷头生产的纤维比改进Ⅱ型生产的纤维细 1/5～1/3,前者的过滤效率也更高。

(三) 熔喷辅助喷嘴的使用

在熔喷双槽形喷嘴下方加装了一个先缩后扩的辅助喷嘴,这有效地减小了纤维直径。此后,经过他人的一系列研究,熔喷辅助喷嘴有了新的进展。通过熔喷双槽形喷嘴和辅助喷嘴产生的主喷嘴气流流场和辅助喷嘴气流流场构成了一个组合气流流场,用熔喷双槽形喷嘴产生的主喷嘴气流流场形成了一个单一气流流场,建立了组合气流流场和单一气流流场的几何结构模型,模拟得到了组合气流流场和单一气流流场的温度分布和速度分布,并对比了两个流场的模拟结果,得出在组合气流流场中,通过辅助喷嘴可以延缓气流速度和温度的衰减速度,从而延长熔喷聚合物熔体的拉伸过程,产生的纤维直径比单一气流流场产生的纤维直径小;同时,采用拉格朗日法求解了熔喷聚合物拉伸二维模型。但研究发现,熔喷聚合物熔体刚进入辅助喷嘴区域时会撞击辅助喷嘴的壁面,造成喷嘴局部堵塞,使得生产无法正常进行。加装辅助喷嘴的熔喷气流流场中聚合物丝条的运动轨迹,在主喷嘴不变的情况下改造原辅助喷嘴,如图 1-8(a)所示,得到了上宽下窄的新型辅助喷嘴,如图 1-8(b)所示,利

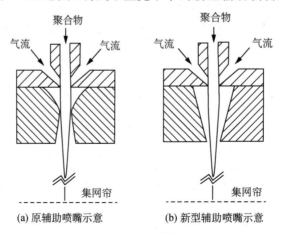

(a) 原辅助喷嘴示意　　　　(b) 新型辅助喷嘴示意

图 1-8　辅助喷嘴的改造

用二次旋转组合设计方法对新型辅助喷嘴的结构参数进行设计,优化了辅助喷嘴的入口宽度和出口宽度,发现入口宽度对最短到达时间的影响显著;采用拉格朗日法求解熔喷聚合物拉伸二维模型,得到了新型辅助喷嘴的气流流场中熔喷聚合物丝条小段在距离喷丝孔不同位置时的运动轨迹及纤维直径,并与原辅助喷嘴进行比较;新型辅助喷嘴的气流流场对熔喷聚合物丝条的拉伸效果比原辅助喷嘴稍有减弱,但熔喷聚合物丝条的摆动幅度明显减小,避免了熔喷聚合物丝条撞击辅助喷嘴内壁;新型辅助喷嘴制备的纤维直径略大于原辅助喷嘴制备的纤维直径,但前者也达到了超细纤维的要求。因此,新型辅助喷嘴的几何结构在保证纤维直径在要求范围内的同时,聚合物丝条运动轨迹并没有因为摆幅过大而撞击并黏着于辅助喷嘴内壁。

(四)设备改进及自动化、智能化水平提高

在最初的熔喷生产线上,聚合物熔体仅受到一台挤出机的挤压作用,很难均匀地被输送到各喷丝孔,因而制备的熔喷法非织造布的均匀性很差。后来,熔喷生产线上添加了计量泵,并用压力反馈来控制聚合物熔体的压力,熔喷纺丝箱体也不再被永久地固定,而是被设计成可旋转型,从而能够调整熔喷非织造布的幅宽与纤网的均匀性,熔喷产品的质量得以改善。在熔喷工艺中,模头到接收装置之间的距离(DCD)能显著影响熔喷非织造布的制备。聚合物熔体刚挤出喷丝孔就被收集,得到的将是薄膜;当DCD增至适当值时,制备的将是性能优良的熔喷法非织造布;进一步增加DCD,得到的便是离散的纤维。因此,DCD的调节就显得十分重要。如图1-9所示DCD可调的熔喷设备示意所示的熔喷设备可根据需要缩小或增大纺丝距离,通过DCD的调节可生产出具有不同用途的产品。

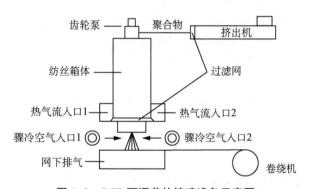

图1-9 DCD可调节的熔喷设备示意图

近年来熔喷非织造设备的自动化水平及智能化程度也在不断提高,目前美国的纺黏与熔喷生产线已全部实现了自动化,最近发展至不用键盘进行操作,而是采用触摸式的控制屏对生产线上的工艺参数进行调控。当需要调整某一部分或全部工艺参数时,只需用手指触摸控制屏,即可显示出来。这表明了美国在该领域内的智能化水平很高。

(五)熔喷驻极技术

传统熔喷非织造过滤材料对空气中的粉尘颗粒、有害气体以及微生物等有害物质主要依靠布朗扩散、惯性碰撞等机械作用进行拦截,因此只有当纤维直径较细、滤材纤网密度较高时,才能有效提高捕集效率,但此时材料过滤阻力却明显增加。也就是说,传统熔

喷非织造过滤材料在捕获空气中有害物质方面存在一定的局限性。自 20 世纪 70 年代以来，众多科学工作者集思广益，对此技术难题进行了系统全面的研究，并取得了一定的科研成果，驻极体纤维便开始逐步进入公众的视野。与传统熔喷非织造过滤材料相比，通过驻极处理后，由于其带有持久静电，极大地提高了对亚微米数量级粉尘颗粒的捕集效率，同时表现出了较低的过滤阻力，该技术对熔喷非织造产业结构的转型升级具有积极的推动作用。

电晕放电是目前常用的一种熔喷非织造材料的驻极技术。其原理大致为，在金属针或线电极上施加 5～10 kV 高压电，电极附近的空气在高压电场作用下产生电晕并将其电离成正、负离子，根据电极极性，与电极相同的正或负的离子在静电斥力作用下沉积于熔喷非织造材料表面或纤维体陷阱中，进而形成带有空间电荷驻极体的熔喷材料。

四、纺黏和熔喷复合生产线的装备技术

SMS 复合法生产线的机型有 12 种——SMS, SMMS, SMMMS, SMMMMS; SMMMMSS; SSMS, SSMMS, SSMMMS, SSMMMMS; SSMMSS, SSMMMSS, SSMMMMSS, 如图 1-10 所示。其中，拥有 8 个纺丝系统的"SSMMMMSS"机型首次出现。幅宽有 1 000 mm、1 600 mm、2 400 mm、3 200 mm、4 200 mm(＋200 mm)和 5 200 mm(＋200 mm)等几种。

图 1-10　SMMMMSS 型纺黏/熔喷/纺黏复合线

纺黏和熔喷复合生产线趋于大型、高产、高速、节能环保仍是纺黏和熔喷非织造布生产线的重点发展方向。

（一）纺黏和熔喷设备在自动化、数字化与智能化方面技术

成套生产线普遍采用先进的 PLC 中央控制系统及 Probibus 工艺现场总线系统等技术，实现了具有多重智能连锁及保护功能的自动控制和智能管理，能够有效地对整个工艺流程进行监控。使用移动设备，通过扫描二维码可访问、检索所有存储信息，如机器文档、产品描述、技术图纸、维护指令、培训视频等；另外还可提供专家支持和远程诊断，进行视频通话。操作系统能与其他系统进行通信、自学习，自主实现生产目标，实现个性化定制生产，持续监测生产过程和产品品质的变化，遇到问题系统会及时发出警告，同时提供工艺参数调整的相关信息。数字化控制系统的大量采用和改进，提高了生产线的利用率和产品品质。

（二）在设备的研发过程中，重视节能和资源的循环利用节能方面技术

如在牵伸器的研发中都考虑牵伸缝的结构、新型气流牵伸器等。资源循环利用方面非

常重视,大部分废料可以回收,无法回收的裁边废料只占不到1%;同时降低皮层含量,皮层可做到仅占5%,芯层聚合物都可以回收。

(三) 纺黏、熔喷设备仍将朝大型、高产、高速方向发展

国外先进装备的门幅最宽可达7 m;单线产量达1.5万t/a以上;最高速度可达800~1 000 m/min;与纺黏配套的针刺机频率达1 600次/min,速度在13 m/min以上;配套的水刺机速度可达1 000 m/min。SMXS设备最高机械速度可达600 m/min,工艺速度可达500 m/min,单线产量达到1.2万t/a。

(四) 纺黏技术的差别化发展

更为明显地,在纺黏与各种非织造布加工技术的组合方面,除纺黏+热轧、纺黏+针刺外,有纺黏/气流成网/纺黏、纺黏/梳理成网/气流成网、纺黏+水刺、纺黏+热风等加工工艺的组合。纺丝技术差别化体现在双组分复合(皮芯、橘瓣、海岛等)纺丝技术在纺黏法上得到了广泛应用。原料的差别化也有很大发展,除了常规的PP、PET外,有PLA热轧、PPS针刺等产品,PC、TPU、PPS、PBT等聚合物原料应用到熔喷技术中。适用于不同原料及工艺组合的差别化纺熔设备的研发应成为国内一个重要的发展方向。

(五) 智能型生产线

在应对高技术、高效、高速、高产能发展趋势的同时,针对新兴市场订单数量多、产品批量小、转产频繁这一特点,推出了运行方式更灵活、而产能不是很高的智能型非织造布生产线。智能生产线的最高运行速度只有400 m/min或600 m/min,年产能约1万t,能帮助客户快速、灵活地应对市场需求,并能在小批量生产中获益。虽然生产线的配置较简单,但产品可满足医疗、卫生制品材料的最高标准要求。

参考文献:

[1] 刘玉军.纺黏和熔喷非织造布手册[M].北京:中国纺织出版社,2014.

[2] 刘伟媛,陈廷.纺黏非织造技术的发展现状[J].纺织导报,2012(9):34-38.

[3] 倪冰选,焦晓宁.纺黏水刺复合非织造布的发展概况[J].产业用织品,2010,28(1):1-4.

[4] 赵博.聚合物纺黏法非织造布的新型原料及发展趋势[J].合成技术及应用,2010,25(2):33-36.

[5] 苏雪寒,吴丽莉,陈廷.纺黏非织造工艺及设备的新发展[J].纺织导报,2014(9):28-32.

[6] 常杰,刘亚,程博闻.聚乳酸纺黏非织造布的研究进展[J].天津工业大学学报,2013,32(4):37-42.

[7] 纺黏、熔喷新型原料的开发[EB/OL].http://www.fibreinfo.com/html/news.

[8] 赵博.纺黏非织造布的新技术和进展[J].纺织机械,2010(1):15-20.

[9] 曾恩周.纺黏非织造布新发展[J].纺织科技进展,2010(1):35-37.

[10] 李杰,周思远.差别化纤维在纺黏法非织造布中的应用探讨[J].非织造布,2010,18(5):23-25.

[11] 林桐,陈凯,任强.双组份纺黏非织造布技术研究进展[J].福建轻纺,2010(3):48-50.

[12] 成枫,黄有佩.双组分超细纤维纺黏水刺非织造布生产与应用[J].合成纤维,2009(8):41-42.

[13] 成枫,朱义鹏,黄有佩.双组份纺黏水刺法非织造布生产及其在过滤材料领域的应用[J].非织造布,2009,17(3):11-12.

[14] 李瓒,郭建伟,靳向煜,等.我国非织造擦拭布的现状和发展趋势[J].纺织导报,2011(12):100-102.

[15] 司徒元舜,麦敏青. 国产 SMS 非织造布生产设备的发展[J]. 纺织导报,2012(1):84-90.

[16] 邹荣华,俞镇慌. 国内外非织造装备与技术的发展现状与格局[J]. 纺织导报,2010(9):70-82.

[17] 李顺希,杨革生,邵惠丽,等. 熔喷法非织造技术的特点与发展趋势[J]. 产业用纺织品,2012,266(11):
    1-5.

[18] ZHAO R. 高性能熔喷技术的进展[J]. 产业用纺织品,2004,22(9):6-11.

[19] 郭秉臣. 非织造材料与工程学[M]. 北京:中国纺织出版社,2010:288.

[20] 芦长椿. 熔喷技术现状与其研究开发中的变革[J]合成纤维,2010(8):1-6.

[21] EDWARD M. 熔喷法的设备、工艺和产品[J]. 产业用纺织品,2008,26(5):23-25.

[22] 郭合信. 美国纺黏法与熔喷法技术的新发展[J]. 北京纺织,2005(1):14.

[23] 詹停停,吴丽莉,陈廷. 熔喷非织造技术的新发展[J]. 产业用纺织品,2018,36(2):1-5.

[24] HASSAN M A, KHAN S A, POURDEYHIMI B. Fabrication of micro-meltblown filtration media
    using parallel plate die design[J]. Journal of Applied Polymer Science,2016,133(7).

[25] HASSAN M A, YEOM B Y, WIKIE A, et al. Fabrication of nanofiber meltblown membranes and
    their filtration properties[J]. Journal of Membrane Science,2013,427(1):336-344.

[26] KWOK K C, BOLYARD E W, RIGGAN L E. Meltblowing method and system:US5904298[P].
    1999-05-18.

[27] 成园玲. 加装辅助喷嘴的熔喷气体流场研究[D]. 苏州:苏州大学,2013.

[28] 杨康. 组合气体流场中的熔喷聚合物拉伸模型[D]. 苏州:苏州大学,2016.

[29] 孙红梅. 基于丝条运动轨迹的熔喷辅助喷嘴设计[D]. 苏州:苏州大学,2017.

[30] 何宏升,邓南平,范兰兰,等. 熔喷非织造技术的研究及应用进展[J]. 纺织导报,2016(增刊):71-7938.

[31] 董家斌,陈廷. 熔喷非织造技术的发展现状[J]. 纺织导报,2012(6):144-150.

[32] 陈磊,柯勤飞. 熔喷级聚苯硫醚流变性能研究[J]. 产业用纺织品,2012,30(1):10-12.

[33] 康卫民. 复合驻极聚丙烯熔喷非织造布开发及其性能研究[D]. 天津:天津工业大学,2004.

[34] 李玉梅,程博闻,刘亚. 浅谈双组分熔喷非织造工艺[J]. 产业用纺织品,2007,25(7):5-7.

[35] 王娜,刘亚,程博闻. 双组分熔喷非织造布的开发与应用[J]. 合成纤维,2009,38(11):15-17.

[36] 苏雪寒,吴丽莉,陈廷. 纺黏非织造工艺与设备的新发展[J]. 纺织导报,2014(9):28-32.

[37] 顾进. 从 ITMA ASIA+CITME 2014 看纺黏熔喷非织造装备的发展[J]. 纺织导报,2014(9):16-27.

[38] 陈康振. SMS 复合非织造布的生产、用途及其发展[J]. 非织布,2004,12(1):10-14.

第二章
纺黏技术与装备

纺黏法非织造布工艺是利用化学纤维纺丝成型原理,在聚合物纺丝成型过程中,使连续长丝铺置成网,纤网经机械、化学或热方法固结后成非织造布。纺黏法非织造布以流程短、生产效率高、成本低廉、产品性能优异等特点广泛用于医疗、卫生、汽车、土工建筑及工业过滤等领域。

第一节 纺黏生产工艺流程

一、工艺流程

如图 2-1 所示,纺黏法工艺基本流程如下:切片输送→计量混合→螺杆挤压机→熔体过滤器→计量泵→纺丝→冷却吹风→气流牵伸→铺网→热轧成布(或针刺、水刺、化学黏合等)→卷取。

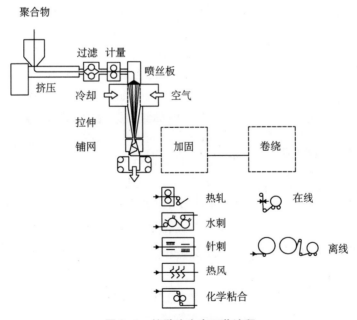

图 2-1 纺黏法生产工艺流程

一般来说,纺黏法生产技术有纺丝、拉伸、成网、加固四大主要工艺过程,这四个工艺过程都在一条生产线上,而且纺丝、拉伸和成网是在极短时间里一次连续完成的。在这四大工艺过程中,纺丝过程是从化学纤维生产方法中移植过来的;拉伸和成网过程是纺黏工艺的核心技术,是工艺特征和技术水平的体现。拉伸装置的原理基于引射器理论,它是纺黏工艺的心脏部件,对纺丝细度、能耗、内外观质量乃至生产线能力和技术水平都有决定性意义。

经过多年的发展,目前已有多种较为成熟的纺黏法非织造布的生产工艺,就工作原理来分,不同工艺的差异主要表现在纺丝、冷却、牵伸和铺网方法上,而其他工艺设备基本都是一样的。

二、纺丝原理

常规熔融纺丝工艺流程如下:干切片→熔融挤出→混合→计量→过滤→纺丝→冷却成形。整个纺丝过程可概括为:纺丝原液制备、初生纤维成型、初生纤维后处理。纺丝原液分为熔体法、溶液法等。

(一) 纺丝熔体的制备

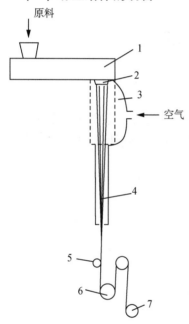

图 2-2 熔体纺丝示意图
1—螺杆挤压机;2—喷丝板;
3—吹风窗;4—纺丝甬道;5—给油盘;
6—导丝盘;7—卷绕装置

熔体纺丝中,目前生产上有两种实施方法:一是直接将聚合(或缩合)时所得到的高聚物熔体送去纺丝,这种方法称为直接纺丝;另一种是将聚合(或缩聚)得到的高聚物熔体经铸带,切粒等工序制成"切片",然后在纺丝机上重新熔融成熔体并进行纺丝,这种方法称为切片纺丝。

如图 2-2 所示为熔体法纺丝示意图。切片在螺杆挤压机中熔融后,熔体被压送至装在纺丝箱体中的各纺丝部位,经纺丝泵定量送入纺丝组件,在组件中经过滤,然后从喷丝板的毛细孔中压出面形成细流,这种熔体细流在纺丝甬道中冷却成形。在纤维成形过程中,只发生熔体细流与周围空气的热交换,而没有传质过程,故熔体纺丝过程纺丝速度大,一般在 1 000～2 000 m/min,高速纺为 4 000～6 000 m/min,甚至在 6 000 m/min 以上。

(二) 熔体细流及其冷却吹风成形

熔体从喷丝板上的微孔中喷射成细流后逐渐冷却成形。沿着丝条运行的路程(称为纺程),丝条上各质点的运动速度、直径、温度、黏度、受力和内部结构都在不断变化,并且相互影响,十分复杂。尤其是在离喷丝板距离 1 m 以内变化最大,外界条件对所纺丝条的纤度均匀性、强度伸长不匀率及后拉伸性能影响很大,故冷却吹风固化的条件很重要,特别是高速纺丝时更为重要。

冷却固化过程是一个在受力状态下的传热过程。如图 2-3 所示,沿着纺程坐标,丝条的固化过程可分三个区域:流动形变区、凝固形变区和固态移动区。凝固形变区结束处是凝固点,随后就以等速移动了。

(1)流动形变区 熔体离开喷丝板微孔的控制后,约离喷丝板面距离 5～10 mm 距离内,由于熔体流速突变产生的弹性形变能和静压能的释放,会产生直径膨胀变大的现象,称为膨化现象。膨化区的存在对纺丝是不利的,使丝条不均匀,也易粘附在喷丝板上,造成断头、毛丝。适当降低熔体的黏度(提高纺丝温度)和选用长径比大的喷丝孔,可以降低膨化程度。

(2)凝固形变区 在该区域内,熔体细流在卷绕机构的牵引下和一定的冷却条件下,逐渐凝固成丝条,发生了直径、温度、黏度和大分子结构等变化,也是冷却固化的最重要区域。

(3)固态移动区 从凝固点开始,丝条以相同的牵引速度移动,成形结束。为了使丝条进入导丝盘或卷绕机构时温度能下降至 50 ℃左右,一般尚需有一定冷却距离。故丝室下面有 5～7 m 长的甬道,但当纺丝速度提高时,甬道所起的作用较小。

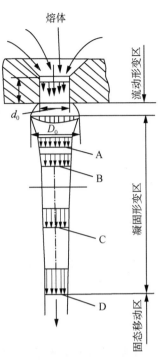

图 2-3 冷却固化图

(三)熔体纺丝的原料分子必须具备的特性

作为熔体纺丝,所用原料属于高分子化合物。这种高分子化合物分子是线型高分子化合物,必须具备的条件为:

(1)分子量大小要适当,才有利于拉丝和保证足够的强度。当分子量不够大时,纤维强度差,分子量增大时,可提高纤维的强度,但大到一定程度时对强度影响变小,而黏度变大,给纺丝带来很大困难,一般要求分子量在 10^4 数量级为宜。

(2)键与键之间要有较强的作用力,如氢键、极性基团或规态分子。

(3)在纤维的分子链束(链束是由若干个分子链组成的)中,必须同时有晶形区与无定型区的存在。在晶形区内链束局部排列规整,作用力较大,有利于提高纤维的强度。在无定形区内,分子链排列不规整,是无规则的卷曲状态,分子链间相互缠结在一起,使纤维具有一定的挠曲性和弹性,该区易于染色,手感好。结晶区和无定型区的存在使纤维具有优良性能。

(4)无定型区(非结晶性)成纤高聚物的玻璃化温度(T_g)应高于使用温度,同时 T_g 决定了纤维耐高温的极限,如 T_g 太低,则应具有高结晶度才行。这里补充说明玻璃化温度。线型高分子键有两种运动形式,一种是整个分子链的运动,另一种是链段的运动。整个高分子链的运动是指高分子链与链之间发生相对滑移。这种运动形式比较困难,因为高分子链很长,而且是相互交织缠绕在一起的,可以想象链与链之间的作用力要比小分子间的作用力大得多,故需要有足够的能量,才能使高分子链之间发生相对位移。

所谓链段就是指由若干个链节(几个到几百个不等)所组成,是具有独立运动(旋转)能力的最小部分。分子链越柔顺,链段所含的链节数越少。反之,分子链越刚硬,则链段所包含的链节数就越多。虽然整个分子链之间的相对运动比较困难,但是由于分子内旋转的结果,这种链段运动所需要的能量比铰低,所以比整个大分子链的运动要容易得多。

低分子化合物根据分子的热运动可以有气、液、固三种聚集状态。高分子化合物根据链和链段的运动状况在不同的温度下非晶相高聚物也有三种状态,即玻璃态、高弹态和黏流

态,如图2-4所示;

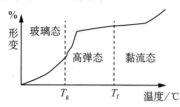

图2-4 高聚物的三种聚集状态

（1）玻璃态：当高聚物温度小于"T_g"时,整个物质表现为非晶相固体,像无机玻璃一样称为玻璃态。若加外力,形变很小,链段只作瞬时的微伸缩和键角的改变,当除去外力,应即恢复原状。

（2）高弹态：当温度大于T_g时,分子动能增加,此时对整个高分子链来说还不能作链间的相对运动,但分子中的链段已可运动,当施加外力时,能产生缓慢的变形。除去外力后,又会慢慢恢复原状。呈现出弹性的原因是在外力（拉力）作用下,卷曲的分子链依靠分子内旋转而趋向于伸展状态。当外力消除后,这种伸展的分子链又依靠其分子内旋转而恢复为原来的卷曲状态。

通常的弹性体或橡胶在常温下处于高弹态。

（3）黏流态：当温度大于T_f时,使链段和整个高分子链都可以移动,高聚物就成为流动的黏稠液态。当施加外力时,高分子链间相互滑动,产生形变,除去外力后,不能恢复原来的形状。

了解非晶相高聚物的流动温度对于高分子化合物加工成型有直接的指导意义。

三、纺黏聚合物原料

纺黏非织造布采用的原料主要有聚丙烯（PP）、聚对苯二甲酸乙二酯（PET）和聚酰胺（PA）等。由于能源危机导致的原料价格飞涨、市场竞争激烈和人们日益增长的需求及环保问题,使用新型聚合物已成为纺黏技术的一个发展方向。所使用的新型聚合物包括共聚酯、共聚酰胺、弹性聚合物、聚乳酸（PLA）、聚对苯二甲酸丙二醇酯（PTT）等。

1. 生物质聚合物 PLA在常见的生物可降解聚合物中性能最为优越,如结晶度高、阻燃性好等,最大的优点是易被生物降解、绿色环保,且容易被加工成可生物降解的纺黏非织造布。日本Kanebo Gosen公司和Kureha化学公司已开发出了一种名为PLA block的聚乳酸纺黏非织造布。这种非织造布在水过滤、土木工程和建筑等领域有广泛的应用前景。美国杜邦公司开发了生物可降解聚合物PTT纤维Sorona®纺黏非织造布。

2. 弹性聚合物 日本东洋纺（Toyobo）公司开发了聚酯弹性纤维纺黏非织造布,产品具有很好的伸缩性。由美国Exxon Mobil Chemical（埃克森美孚化工）公司开发的VistamaxxTM 2125聚合物是一种具有特殊半结晶结构、与其他聚合物相容性好、易加工的热塑性弹性聚合物,可独立使用,也可制成共混物。目前,该公司已在中国推出了4种型号的VistamaxxTM系列弹性聚合物。中国国桥实业公司利用VistamaxxTM弹性聚合物开发了一种名为Marnix的弹性纺黏非织造布,这种非织造布的可拉伸度达200%～500%,弹性回复率在90%以上,还可实现回收。日本Kosan公司采用自有的单活性中心催化剂开发了一种新型软质聚烯烃LMPO,制成的纺黏非织造布具有良好的弹性。此外,LMPO还具有热稳定性高、熔融黏度低、无味、不粘连、无色透明、与PP相容等优良特性。日本钟纺（Kinebo）公司在熔喷非织造布技术的基础上,开发了具有弹性的热缩性聚氨基甲酸酯纺黏非织造布。

3. 其他原料　美国 Eastman(伊士曼)公司开发了聚对苯二甲酸 1,4-环己烷二甲酯(PCT)、聚对苯二甲酸丁二酯(PBT)纺黏非织造布。日本东丽(Toray)公司开发了可用作过滤介质的聚苯硫醚(PPS)纺黏非织造布。美国埃克森美孚化工公司开发了全同立构聚合物,可加工高强度、轻薄型的纺黏非织造布,产品手感柔软,用作卫生用品、医院服装和特殊过滤材料。日本东洋纺公司开发的 PBT 纺黏非织造布,具有良好的柔软性和成型性,可用作汽车车顶材料。

第二节　纺黏生产技术特征

一、牵伸速度及牵伸形式

1. 牵伸速度　纺黏法非织造布生产线的运行速度已由早期的每分钟几十米到100 m/min,目前已达 300~500 m/min,最高可达 800 m/min 速度;牵伸速度已由早期1 000~2 000 m/min,目前已达 3 000~5 000 m/min,最高可≥8 000 m/min。

2. 牵伸形式　目前,较有代表性的纺黏法非织造布生产工艺有宽狭缝抽吸牵伸式、宽狭缝正压牵伸式、狭窄缝正压牵伸式、管式牵伸等。

(1)宽狭缝抽吸牵伸式

这种工艺的特点是使用整块大的、长度与产品幅宽相当的纺丝板,采用一个整体式宽狭缝牵伸装置,其主要代表机型为德国莱芬豪舍(Reifenhauser)公司的赖可菲(Reicofil)工艺。这是我国最早引进的机型,也是目前应用最多的主流生产工艺。

(2)宽狭缝正压牵伸式

这种工艺的特点使用整块大的、长度与产品幅宽相当的纺丝板,采用一个独立的整体式宽狭缝牵伸装置和开放式纺丝通道。

用高压气流和独立的牵伸器进行正压牵伸,因而有较高的牵伸速度。可用于多品种的聚合物加工,如 PP、PET、PA 等及双组分产品,对不同原料有较强的适应性。该工艺的缺点是能耗较大。

(3)狭窄缝正压牵伸式

在这种生产线中,使用很多块矩形(如 100 mm×600 mm)的喷丝板,牵伸系统是由相同数量的独立牵伸装置组成,牵伸器的尺寸为 10 mm(送丝通道的宽度)×600 mm,牵伸气流的压力在 0.025 MPa 左右,速度约 2 000 m/min,采用机械摆丝、铺网技术。

狭窄缝正压牵伸工艺的主要弱点是产品外观差,布面粗糙,并丝多,断丝现象明显,薄型产品均匀度差,能耗及生产成本较高。这是我国在 20 世纪 80 年代引进的机型,目前已基本被淘汰。

(4)管式牵伸

管式牵伸是德国鲁奇(Lurgi)公司的杜坎(Docan)工艺,其特点是采用圆管引射式正压牵伸,并使用多块小的纺丝板,能较好地解决丝条牵伸、分丝及机械摆丝、铺网等技术关键。

管式牵伸工艺采用开放式纺丝牵伸通道,机械(如摆片式)成网,使用众多独立的圆管式(管径 8~16 mm,长度可达数米)牵伸装置,用正压的气流作为牵伸动力,纺丝通道为全开放型,冷却气流无牵伸功能,一般使用压缩空气(压力一般在 0.2~0.8 MPa 范围,有的机型最高达 2 MPa)实现对纤维的牵伸。

这种圆管牵伸方式所能达到的纤维牵伸速度较高,可达 5 000~7 000 m/min,牵伸效果理想,纤维的牵伸也较充分,产品的 MD/CD(MD 为纵向,出布方向;CD 为横向,垂直布面方向)方向强力比较小,是目前国内涤纶非织造布生产的主要工艺。但产品容易产生并丝、断丝,外观比狭缝牵伸工艺稍差。

为了改善并丝较多的缺陷,该生产工艺设备均使用了机械分丝技术,有的还使用了静电分丝技术改进产品质量。管式牵伸的主要缺点是能耗高,动力消耗大,牵伸气流和摆片的噪声也较大。

二、单纤维的细度

单纤维的细度也从>5 d 发展到现在<1 d。同时加宽喷丝板宽度,由原来的 160 mm 加宽至 220 mm。

三、孔数

孔数由原来每米 5 000 孔提高到 7 000 孔。

四、双组分纺丝

双组分纺黏非织造布也有较大的发展,约占纺黏非织造布产品的 12%~15%。美国 Hills 公司的海岛型纺黏双组分生产线,单丝直径可达 2 μm,Reifenhauser、JMLaboratories、Inventa-Fisher、Ason 等公司都拥有了双组分纺丝的纺黏技术,包括皮芯型和并列型。

五、产量

一条纺黏非织造布生产线年产量最高 20 000 t。目前世界最宽纺黏生产线已达 7 m(双组分、苏拉-纽马格),我国自主研发的生产线也已达到 5.1 m,达到同行业国际领先水平。

六、纺黏复合工艺形式

纺黏复合工艺形式多样,有纺黏和熔喷之间的复合,如 SMS、SMMS 等,也有纺黏和气流成网、梳理成网之间的复合。

七、纺黏非织造布典型生产工艺介绍

国内外一些厂家主要的熔体纺丝成网非织造布生产线制造商及工艺特点,如表 2-1 所示。

表 2-1 主要的熔体纺丝成网非织造布生产线制造商及工艺特点

厂商	纺丝系统组合	主要技术特点	已有设备最大幅宽（m）	适用原料品种	固结方式	最高产量（t/a）
德国莱芬公司	S、SS、SMS、SMMS、SMMMS、SSMMMS	大板、宽狭缝、半封闭通道、单组分、双组分	4.2	PP、PET	热轧	
宏大研究院	S、SS、SMS、SMMS	整板、宽狭缝、负压、封闭通道	3.2	PP	热轧	6 000
温州昌隆公司	S、SS、SMS、SMMS、SSMMS、SSMMMS	卷板、宽狭缝、负压、封闭通道	3.2	PP	热轧	
邵阳纺机	S、SS、SMS、SMMS、SMMMS	整板、狭缝、负压（PP）小板、管式、正压（PET）	3.2	PP、PET	热轧	6 000
德国纽马格	S、SS、SMXS、SCS、SCA	整板、宽狭缝、正压、开放通道、纺丝距离、铺网距离可调	7	PE、PP、PET、PA等	热轧、水刺	16 800
瑞士立达	S、SS、SMS	整板、狭缝，正压箱体与生产线45°排列	3.2	PP	热轧、水刺	
美国 HILLS	S、M、SMS	整板、宽狭缝、开放通道、正压牵伸、双组分	3.2	PP、PET、PE、PA等	热轧	
日本卡森	S、SS、SMS	整板、狭缝、正压、开放通道、单组分、双组分	5	PE、PP、PET、PA等	热轧	16 000
意大利法璃	S、SS、SMMS	整板、狭缝、负压、双组分	7.2	PE、PP、PET、PA、PLA	热轧、水刺、针刺	875 kg/h、3.2 m 单箱体
意大利 STP 公司	S、SS、SMS	小板、管式、正压、开放通道、静电分丝	3.5	PP、PET	热轧	
Zimmer	S	高压管式、小板	3.2	PET	针刺、热轧	
ORV	S、SS	低压、管式	4.2	PET	针刺	
大连华阳	S、SS	小板、管式、正压	7.0	PE、PP、PET	热轧、针刺	6 000
大连华纶公司	S、SS	小板、管式、摆片分丝、双组分	3.2	PP、PET、PET/PA	水刺	
大连合纤所	SS	小板、管式、正压	5.0	PET	热轧、针刺	5 000
上海太平洋	SS	小板、管式、正压、双组分	3.2	PE、PP、PET	热轧	3 000

注：A—气流成网，C—梳理成网，M—熔喷法，S—纺黏法。

第三节　主要机械装置及工作原理

一、纺黏生产设备组成

一般企业纺黏设备的排列,是按从三楼到一楼立式排列的,下面介绍一种有效幅宽 2 950 mm 的气流牵伸式纺黏非织造布的生产车间排列的设备特点,如图2-5所示。

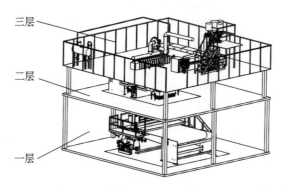

图2-5　气流牵伸式纺黏非织造布的生产设备三维示意图

1. **最高层部分(纺丝)**　三层为最高层,由喂料部分将原料切片喂入,通过计量混合,从螺杆挤出机进行熔融,通过过滤器和计量泵,将熔体喂入纺丝箱,副螺杆挤压机将剪切下来的废边再次熔融,喂入主螺杆挤压机。三维示意图,如图2-6所示,切片经加热熔融后,从喷丝板喷出,进入第二层牵伸部分。

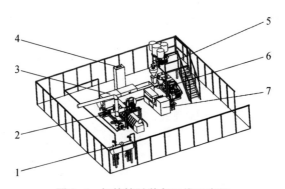

图2-6　加热熔融装备三维示意图

1—储液桶;2—纺丝箱;3—螺杆挤压机;4—螺杆挤压机控制柜;
5—进料装置;6—减速箱;7—副螺杆挤压机

2. **第二层部分(牵伸)**　通过两个侧吹风风箱和牵伸部分在一层的负压鼓风机,通过两股气流将从模头喷出的纺丝进行牵伸,如图2-7所示。通过最底层的甬道铺网到最底层的摆丝成网帘上。

3. **最底层部分(成网加固)**　牵伸完成的丝线经铺丝装置,如图2-8所示,均匀铺在成网帘机上,如图2-9所示,通过一组热轧辊进行热轧成布,后续通过多组张紧辊进行加固和

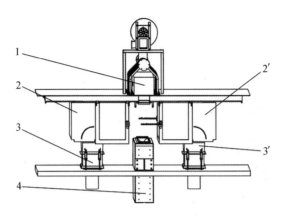

图 2-7 气流牵伸装置三维示意图

1—纺丝箱；2,2′—侧吹风箱；3,3′—螺进风连接箱；4—气流牵伸装置

卷绕，生成产品。一般卷绕机上带切边装置，可将超出幅宽的余料进行剪裁重新利用，给料到最高层纺丝设备的副螺杆挤压机，余料重新熔融，流入主螺杆挤压机，重新纺丝进行下一卷布料的生产。

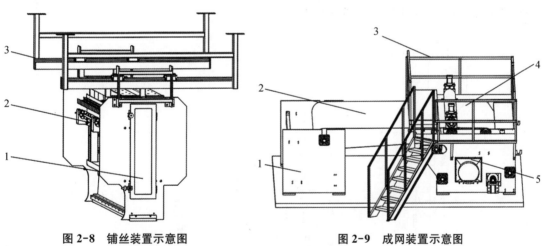

图 2-8 铺丝装置示意图

1—气流铺丝装置；2—调节手柄；3—上移动架

图 2-9 成网装置示意图

1—墙板；2—网带；3—护栏；4—负压吸风口；5—负压通道

二、干燥装置及工作原理

干燥装置按干燥方式可分为真空干燥和气流干燥；按与生产的衔接方式可分为间歇式和连续式。间歇式以真空转鼓干燥机为主，连续式主要为 KF 式和 BM 式等。

图 2-10 为真空转鼓干燥装置，其主体是一个带夹套的可转动转鼓，切片装入转鼓后密封，电机通过减速箱带动转鼓旋转，使切片在转鼓内不断翻转，以便其壁热均匀，干燥均匀。在转鼓夹套内加热蒸汽或其他热载体，通过转鼓壁间接加热切片，转鼓内不断抽真空，使切片内所含水分汽化后不断被抽出排掉。达到干燥时间后停机，将干切片卸出。

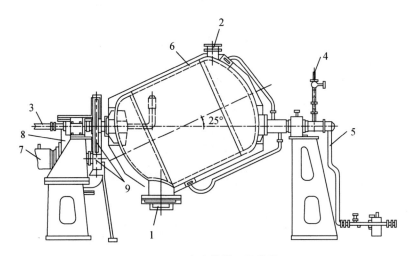

图 2-10   真空转鼓干燥装置

1—进、出料口；2—人孔；3—抽真空管；4—热载入管；5—热载体回流管；6—转鼓夹套；
7—电动机；8—减速器；9—齿轮

KF 式（德国 KARL FISCHER 公司）干燥设备为连续式气流干燥机，如图 2-11 所示，它由切片输送系统、充填干燥塔和热风循环系统组成。

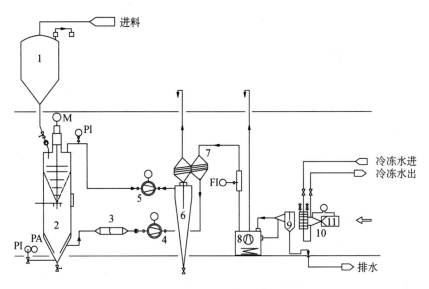

图 2-11   KF 式干燥机

1—料仓；2—干燥塔；3—干空气加热器；4—进风风机；5—吸风风机；6—旋风分离器；
7—热交换器；8—脱湿器；9—水分离器；10—空气冷却器；11—空气过滤器

充填干燥塔分为上下两段，上段是预结晶器，下段是充填式干燥器。切片靠自重落至干燥塔的预结晶部分，停留 3～60 min。预结晶器和干燥器间用开孔的不锈钢倒锥形板分隔，开孔大小应小于切片尺寸，仅让热空气上升，切片则从中央落料管下落到干燥部分。在预结晶器顶部装有立式搅拌器，防止切片急剧受热发生粘结。切片输出量的调节可通过改变预结晶器出口落料管的长度来实现,产量有 150、200、300、600、1 000 kg/h。

热风循环系统主要由旋风分离器、鼓风机、空气过滤器、空气加热器等组成。

三、螺杆挤压机及工作原理

螺杆挤压机的作用是把固体高聚物熔融后以匀质、恒定的温度和稳定的压力输出高聚物熔体。螺杆挤压机有卧式和立式两种类型,目前纺黏法和熔喷法所用的螺杆挤压机均为卧式安装机型,即螺杆挤压机的螺杆轴线处于水平位置。根据螺杆的结构和配置,常用的有普通型单螺杆挤压机和分离型单螺杆挤压机两种。按螺纹头数和螺杆根数可以分为单螺纹、双螺纹、单螺杆、双螺杆挤压机,按螺杆转速的高低可分为通用(转速小于 100 r/min)挤压机和高速挤压机。

螺杆挤压机主要由高聚物熔体装置、加热和冷却系统、传动系统及电控系统四部分组成,如图 2-12 所示。

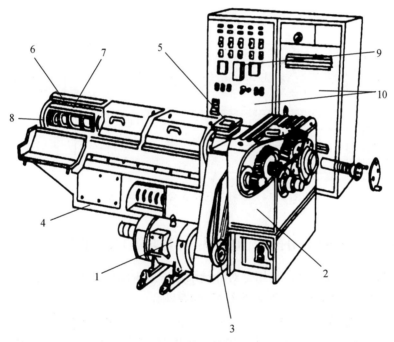

图 2-12　螺杆挤压机结构简图

1—电动机;2—齿轮传动箱;3—三角皮带;4—机座;5—进料口;6—机筒;7—加热器;
8—螺杆;9—压力控制器;10—控制柜

如图 2-13 所示为普通单螺杆结构图,通常把常规螺杆分为加料段、压缩段和计量段三个区段。加料段螺槽深度恒定不变,将固体物料送往压缩段。压缩段也称塑化段、熔融段,螺槽容积逐渐变小,通常采用等螺距、槽深渐变的结构形式,其作用是压实物料,使该段的固体物料转变为熔融物料,并且排除物料间的空气。计量段螺槽的容积基本上恒定不变,螺槽深度较浅,其作用是将熔融的物料定量、稳压挤出,并使螺杆产生一定的背压力,进一步加强熔体的剪切、混合作用,使物料进一步均化。

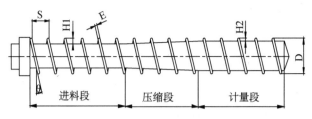

图 2-13　普通单螺杆结构图

因为单依靠螺杆在套筒内运转时产生的能量还是不能将原料融化的,为了使切片充分熔融成为熔体,并准确控制熔体的温度,挤压机都设置有加热系统及相应的温度控制装置。纺丝时的熔体温度是根据原料的品种及对产品的性能要求确定的。在熔喷法生产线中,常用的螺杆挤压机熔体温度设定值(如 PP 熔体温度)要比纺黏法生产系统的温度高 50~100 ℃,如图 2-14 所示。常用于 PP 加工的螺杆挤压机的熔体最高设计温度在300 ℃。

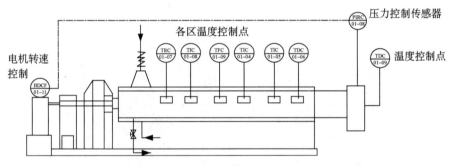

图 2-14　螺杆挤压机温度、压力调节系统

四、纺丝系统(箱体、分配管、喷丝头、计量泵等)及工作原理

1. **纺丝箱体**　纺丝箱体的作用是对计量泵输送过来的熔体进行分配,使每个纺丝位都有相同的温度和压力值,并作为安装纺丝组件的基础。

纺丝箱体内一般装有计量泵、纺丝组件、熔体管道和加热保温几个系统。纺黏法生产的纺丝箱体形式较多,有一个箱体只装一块长喷丝板的,也有一个箱体装有多块喷丝板的。纺黏箱体大都呈长方形,其横向宽度取决于纺丝组件和熔体输送管道的配置尺寸,箱体长度由布的幅宽决定,一般为 1.6 m、2.4 m、3.2 m、4.4 m、5 m、6 m 等尺寸。

纺丝箱体的流体分配方式有熔体管道式(如图 2-15 所示)和"衣架"分配流道式(如图 2-16 所示)。

窄狭缝式和管式生产方式采用的是熔体管道分配形式,要求熔体在管道内所经过的路程相同,停留时间一样,所受的阻力相等,使熔体到达喷丝板各处的经历、压力、时间都一样,从而保证丝质均匀一致。此种箱体一般采用钢板焊接结构,箱体为夹壳式结构,分熔体腔及加热介质腔。

宽狭缝式生产方式因一个纺丝箱体只有一个大矩形喷丝板,熔体的分配不是用管道,而

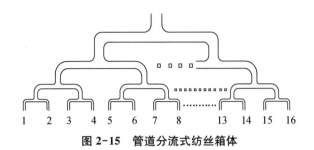

图 2-15 管道分流式纺丝箱体

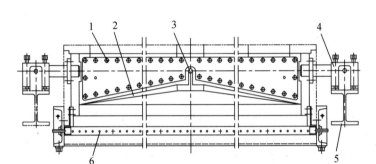

图 2-16 纺丝模头内部结构示意图

1—联接螺拴；2—熔体分配岐管；3—熔体入口孔；4—模头支架；5—机架；
6—抽单体孔

是采用"衣架"式流体分配方式。箱体以中央位置对称，通道将扩展到 CD 方向的最宽位置，其截面尺寸则随着离中央位置的远近、及熔体的流量大小而连续变化：距离越近，因流过的熔体越多，其截面也越大，从而减少熔体流动的阻力，保证熔体经箱体内部的通道到达喷丝板上不同喷丝孔的停留时间相同。纺丝箱体内"衣架"尺寸的大小、数量与产品的幅宽、纺丝泵的数量相关，幅宽越大，"衣架"的尺寸也越大。

一个纺丝箱体只能生成一层纤维网，为提高生产效率，提高纤网克重，目前纺黏线大多配置多个纺丝箱体（多模头），或与熔喷模头组合生产复合非织造布。

纺丝组件的作用是对熔体进一步过滤，经熔体分配板均匀分配到各喷丝孔中，形成均匀的细流。纺丝板组件一般由滤网、分配板、喷丝板、密封装置组成，如图 2-17 所示。

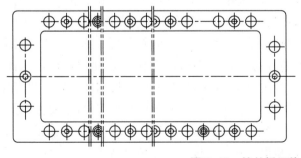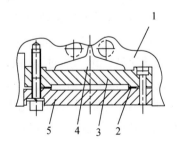

图 2-17 纺丝板组件

1—纺丝箱体；2—高温密封条；3—分配板；4—滤网；5—喷丝板

喷丝板由导孔和微孔组成,导孔形状有带锥底的圆柱形、圆锥形、双曲线形和平底圆柱形等几种,如图 2-18 所示,其中最常用的是圆柱形。导孔的作用是引导熔体连续平滑地进入微孔,在导孔和微孔的连接处要使熔体收缩比较缓和,避免在入口处产生死角和出现旋涡状的熔体,保证熔体流动的连续稳定。

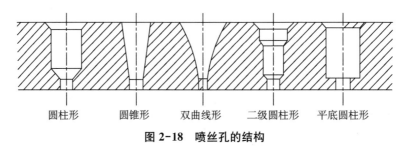

圆柱形　　　圆锥形　　　双曲线形　　　二级圆柱形　　　平底圆柱形

图 2-18　喷丝孔的结构

导孔的孔径主要是选择合理的直径收缩比,即导孔直径 D_1 与微孔直径 D_2 之比,其收缩比 $D_1/D_2=10:1\sim14:1$。对导孔底部的锥角,既要考虑熔体的流动性能,又要考虑加工方便。减少圆锥角可以缓和熔体的收敛程度,目前常采用 $60°$ 和 $90°$ 的锥角。

双组分复合纺黏结合了传统的纺黏法和复合纤维生产的特点,由两种不同聚合物组成。双组分长丝可以根据其用途和截面结构形态进行设计,目前最常用的结构形式为皮芯型、并列型、剥离型。双组分纺黏产品的生产以熔融纺丝为基础,常用两套完全独立的原料喂入和螺杆挤出系统,经特殊的熔体分配装置后进入纺丝的核心部件纺丝组件,之后的冷却、牵伸以及成网、成布环节比传统的机械设备并没有太多的改变。纤维截面形状如图 2-19 所示。

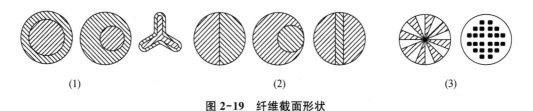

(1)　　　　　　　　　　　(2)　　　　　　　　　　　(3)

图 2-19　纤维截面形状

2. **熔体过滤器**　熔体过滤器用于高聚物熔体的连续过滤,除去熔体中的杂质和未熔的粒子,提高熔体的纺丝性能和确保纺丝质量。熔体过滤器在高速纺丝和纺制细旦丝时,是不可缺少的设备,对延长纺丝组件寿命、提高设备利用率和提高产量方面,都起着明显的作用。

在纺黏生产中,为了确保纺丝过程顺利进行,减少断丝、滴料等现象的产生,一般都安装两套过滤装置。第一道过滤(粗过滤)装在螺杆挤压机和计量泵之间,主要作用是滤掉尺寸较大的杂质,以延长第二道过滤装置的使用时间,保护计量泵和纺丝泵,增加挤出机背压,有助于物料压缩时的排气和塑化作用。第二过滤(精过滤)装在纺丝组件中,主要作用是过滤较细微的杂质、晶点等,防止喷丝板堵塞,保证纺丝的顺利进行,并提高纤维的质量。滤网形状依喷丝板形状大小而定,一般为多层矩形滤片。具体工作原理及结构见第三章。

3. **计量泵**　计量泵也叫纺丝泵,是对熔体进行输送、加压、计量的装置。一个纺丝箱可与一个或多个纺丝泵配套。具体工作原理及结构见第三章。

五、冷却装置及工作原理

由于从喷丝板出来的初生纤维处于高温高弹的黏流状态,这时需要对初生纤维进行冷却,提供冷却的媒介即是冷却风。冷却吹风一般采用侧吹风方式,即由一侧或相对两侧进行吹风,又称横吹风,如图 2-20 所示。

大多数侧吹风采用双面对称吹风结构,风道内设有多层整流装置,风速均匀。

冷却风由制冷机组通过送风管道到达冷风箱体,风机采用变频调速,可根据生产工艺需要调整送风量。在丝条进行冷却之前冷风必须进行整流,目的在于使高速杂乱的冷风迅速进行均衡分配,理想状态下使冷风各点吹出的冷却风风量一致。整流层的主要部件是多孔网,实际上在进入冷风箱体入口段,采取了整流措施,使进入冷风箱体的冷风流缓和不少,有利于进入冷风箱体后迅速进入多孔网再次进行整流。冷风通过三层整流网后进入冷风窗体的蜂窝层,由规则的蜂窝层再次进行细分配后经金属纱网进入纺丝室。侧吹风四层板子分别铺满 250、500、750、1 000 个逐级递增的均质小孔。并增加引流板和可调节风量大小的挡流板,根据实际需求进行调整。气缸可以将两部分风箱进行密闭合拢,中间有橡胶垫进行密封,如图 2-21 所示。

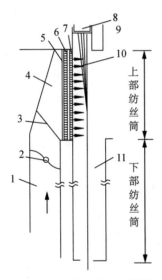

图 2-20 单面侧吹风装置

1—风道;2—蝶阀;3—多孔板;4—稳压室;
5—风窗;6—蜂窝板;7—金属网;8—喷丝板;
9—缓冷装置;10—冷却风;11—甬道

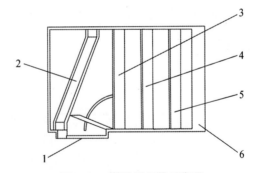

图 2-21 整流层三维示意图

1—气流入口;2—导流板;3—第一次金属网;
4—第二次金属网;5—第三次金属网;
6—侧吹风装置

六、气流牵伸装置及工作原理

刚成形的初生纤维强力低,伸长大,结构极不稳定。牵伸的目的在于让构成纤维的分子长链以及结晶性高聚物的片晶沿纤维轴向取向,从而提高纤维的牵伸性、耐磨性,同时得到所需的纤维细度。

纺黏生产大多采用气流牵伸。气流牵伸是利用高速气流对丝条的摩擦作用进行牵伸，按风压作用形式可分正压牵伸、负压牵伸、正负压相结合的牵伸，按牵伸风道结构形式可分为宽狭缝式牵伸、窄狭缝式牵伸、管式牵伸。在纺黏非织造布生产中采用宽狭缝气流牵伸技术为多，就是整块喷丝板排出的丝束通过整体狭缝气流牵伸。目前，纺黏法气流牵伸方式有宽狭缝负压抽吸牵伸、宽狭缝正压抽吸牵伸、窄狭缝正压抽吸牵伸以及管式牵伸四种。

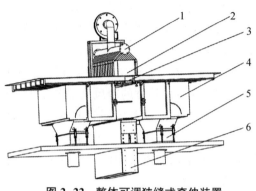

图 2-22　整体可调狭缝式牵伸装置

1—排烟；2—纺丝箱体；3—喷丝板；4—冷却装置；
5—送风管道；6—牵伸装置

整体可调狭缝式牵伸装置如图 2-22 所示，其原理是对熔体纺丝线上丝条的拉伸取向和结晶进行控制，减少丝条拉伸的阻力，导致较高的大分子取向和结晶。

整体可调狭缝式牵伸装置的特点是牵伸速度较高，一般可在 3 500～6 000 m/min 以上。加工的单丝不仅强力高，而且热稳定性好，纤维细且柔软。它的能耗高(PP 产品的能耗在 1 500～2 000 kW·h/t)，动力消耗大，需配用大型的空气压缩机，牵伸气流的噪音也较大。日本 NKK、诺信公司、德国 Neumag 公司等采用这种牵伸方式。

为了适应不同的纺丝和牵伸工艺，牵伸器都设计为能上下移动调节的形式，即喷丝板到牵伸装置与冷却区的高度位置，以及牵伸装置出口到成网帘的高度都可根据需要上下调整。

如图 2-23 所示为牵伸装置示意图。牵伸部分夹层中放入棉团进行隔热，牵伸甬道长度为 1 800 mm，内侧为钢化玻璃，外侧为 20 钢；底部角铁对外侧钢板进行固定，内侧玻璃用胶粘在方钢和底板上。牵伸部分由玻璃作为内板，中间为方钢连接，空隙中放入保温物料，底部由角铁进行固定。

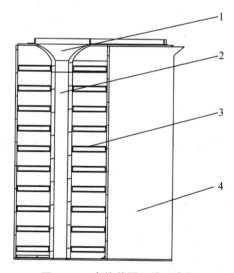

图 2-23　牵伸装置三维示意图

1—牵伸装置入口；2—牵伸甬道；3—方钢；4—牵伸箱体

典型的熔喷生产线为 Docan 纺丝工艺流程,单面侧吹冷却,拉伸气压为 1.5~2 MPa,最狭窄的断面气流速度可达到 1 马赫数。纺丝速度为 3 500~4 000 m/min,拉伸管出口处设计成扁平扇形,高速气流到此处突然减速,气流产生紊乱而使纤维相互分离。

七、成网(分丝、铺网)装置及工作原理

纺黏法生产的成网包括分丝和铺网两个过程。

1. **分丝** 将经过牵伸的丝束分离成单丝状,防止成网时纤维间互相黏连或缠结。常用形式有气流分丝法、机械分丝法和静电分丝法。

气流分丝法是利用空气动力学的 Coanda 效应,气流在一定形状的管道中扩散,形成紊流达到分丝目的。这种方式铺网均匀,但布的纵横向强力差异大,产品柔韧性好,并丝少,没有云斑,延伸度高,如图 2-24 所示。

对于封闭式气流牵伸风道,在牵伸风道出口与铺网机网面之间装有扩散器,扩散器由上部收缩喇叭和下部扩散喇叭固定在幅宽两侧的端板上面。收缩喇叭约占总高的 1/4,扩散喇叭约占总高的 3/4,上部收缩喇叭的出口为喉部起点,下部扩散喇叭的上部进口紧接喉部起点,有一喉部的直线段,喉部的宽度与高度比 $b:h$ 为 1:2,喉部的宽度不小于牵伸风道的出口。上部收缩喇叭的进口宽度可为喉部宽度的 2~3 倍,下部扩散喇叭的出口宽度应小于网下抽吸风道口的宽度,根据喉部宽度设计可采用 $(4~6)b$。喉部宽度和扩散段喇叭的形状均可在线调节。从这种结构形状的扩散器可以看出,气流与丝条从牵伸风道出来就扩散减速,经过喉部又加速,然后较大范围的在扩散喇叭中扩散减速,丝条在运动的网面上摆圈铺网。另一种扩散器只有一种扩散型喇叭,其

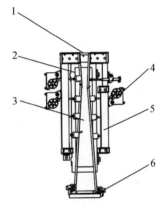

图 2-24 气流分丝三维示意图
1—气流入口;2—可调节导流板;
3—气流扩散板;4—调节手轮;
5—分丝箱体;6—丝出口

形状能够调节,这种扩散器的进口与牵伸风道器的出口不是密封连接,而是留有自然补风口。由于牵伸风道出口高速气流导致负压,扩散器进口处与外界大气压形成压差将大气引入。在扩散器中由于气流扩散减速,随气流下落的丝条也减速放松,能在运动的网面上摆圈铺网。

机械分丝法是利用挡板、摆片、摆丝辊、震动板、回转导板等机械装置使丝束经高速拉伸后遇到机械装置撞击反弹,达到纤维相互分离的目的。这种方法制得的布由于拉伸力较大,布的强力较好,横向强力大,但常有并丝现象出现,如图 2-25 所示。

静电分丝法是有强制带电法和摩擦带电法两种方式。强制带电法就是将纤维束吸入装有高压静电场的空气拉伸装置或喷嘴,使纤维表面带有很高的电荷量,带同性电荷的纤维彼此相斥,从而达到分丝的目的;摩擦带电法是丝束在拉伸前经过摩擦辊的摩擦作用而带上静电,在气流牵伸后铺设成网的一种方法。

2. **铺网** 铺网就是将分丝后的长丝均匀铺在成网帘上,形成均匀纤网,并使铺置的纤网不受外界因素影响而产生飘动或丝束转移。铺网工艺由铺网机完成,图 2-26 为一种成网

机结构图,功能上大同小异,主要由凝网帘、网下吸风装置、压(或密封)辊、张紧装置、纠偏装置、驱动装置、抽吸风系统,控制系统等组成。

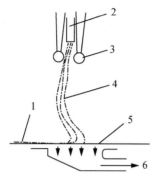 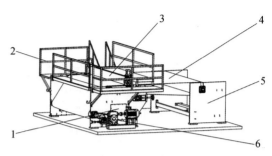

图 2-25 摆丝成网装置

1—纤网；2—气流拉伸装置；3—往复摆丝器；4—长丝；5—成网帘；6—抽吸装置

图 2-26 典型成网机结构

1—抽吸风道部件；2—护栏；3—热压辊部件；4—凝网帘；5—热熔喂入部件；6—主传动部件

热压辊为成网机主要部件,它的结构大致有两种形式:固定芯轴型和整体型。固定芯轴型内部有一个采用电加热的热辊芯,它既是一个热源,也是外面能够转动的热压辊辊皮的支撑轴。热辊芯是一个中空的辊筒,里面装上电加热棒进行加热。为了防止电热棒的干烧,及时将热量传递到热辊芯的外壁,热辊芯里面要填充导热的介质(氧化镁粉或是导热油)。如果是导热油要注意防止热辊芯泄漏。这种结构的优点是结构简单、成本较低,缺点是温度控制精度不高,热压辊辊皮温度分布不够均匀,如图 2-27(a)所示。

整体型热压辊整体旋转,辊体内通入循环流动的导热油(也有用水或水蒸气的),导热油由专用的热油炉来加热,并通过旋转接头通入热压辊内。如图 2-27(b)所示。

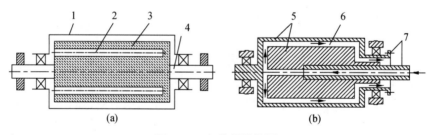

图 2-27 加热辊结构图

1—热轧辊辊皮；2—电加热棒；3—导热介质；4—热辊芯；5—热轧辊辊体；6—辊体内油路；7—接旋转接头

八、固结装置及工作原理

长丝经过冷却、牵伸、铺网后,还要经过加固才能最终成布。目前纺黏生产加固方法主要有四种形式:热轧法,主要处理 10～200 g/m² 纺黏布;针刺法,主要处理 80 g/m² 以上纺黏布;水刺法,主要处理 20～180 g/m² 纺黏布;化学黏合法。加固方法不同,非织造布产品的特性和风格也不同。

（一）针刺法加固工艺及其相关机械

1. 针刺法加固工艺 针刺法是一种典型的机械加固方法,它是利用带刺的专用刺针对纤网进行上下反复穿刺,使部分纤维相互缠结,使纤网得到加固。在干法非织造布加工中,针刺法加固占有重要比重(大约占40%)。

针刺法加固的基本工艺为:用截面为三角形(或其他形状)且棱边带有钩刺的针,对蓬松的纤网进行反复针刺,如图2-28所示。当成千上万枚刺针刺入纤网时,刺针上的钩就带着纤网表面的一些纤维随刺针穿过纤网,同时由于摩擦力的作用,使纤网受到压缩。刺针刺入一定深度后回升,此时因钩刺是顺向,纤维脱离钩刺以近乎垂直的状态留在纤网内,犹如许多的纤维束"销钉"钉入了纤网,使已经压缩的纤网不会再恢复原状,这就制成了具有一定厚度、一定强力的针刺法非织造布。

针刺过程是由专门的针刺机来完成的,如图2-29所示。纤网由压网罗拉和送网帘握持进入针刺区。针刺区由剥网板、托网板和针板等组成。刺针镶嵌在针板上,针板随主轴和偏心轮的回转做上下运动(如同曲柄滑块机构),穿刺纤网。托网板起托持纤网的作用,剥网板起剥离纤网的作用。托网板和剥网板上均有与刺针位置相对应的孔眼,以便刺针通过。受到针刺后的纤网由牵拉辊拽出。

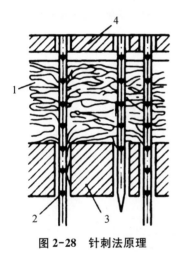

图 2-28 针刺法原理

1—纤网;2—刺针;3—托网板;
4—剥网板

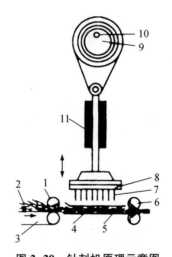

图 2-29 针刺机原理示意图

1—压网罗拉;2—纤网;3—送网帘;4—剥网板;5—托网板;
6—牵拉辊;7—刺针;8—针板;9—偏心轮;10—主轴

用针刺法生产的非织造布具有通透性好、机械性能优良等特点,广泛地用于土工布、地毯、造纸毛毯等产品。

2. 针刺机的主要机构 针刺机通常由机架、送网(输入)机构、牵拉(输出)机构、针刺机构、传动机构以及附属机构(如动平衡机构、调节装置、花纹机构)等机构组成。针刺机的种类较多,按所加工纤网的状态,可分为预针刺机和主针刺机;按针刺机结构,可分为单针梁式和双针梁式针刺机;按传动形式,可分为上传动式和下传动式针刺机等。

(1)送网机构 送网机构主要分为压网辊式送网机构和压网帘式送网机构两类。图2-30所示为压网辊式送网机构,纤网由送网帘输送,经压网辊压缩后喂入剥网板和托网

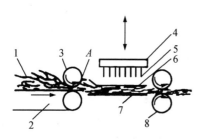

图 2-30 压网辊式送网机构

1—纤网；2—送网帘；3—压网辊；4—针板；
5—刺针；6—剥网板；7—托网板；8—牵拉辊

板之间，经过针板上刺针的针刺，由牵拉辊拉出。这是预针刺机上常用的一种送网方式。

由于剥网板和托网板的隔距有一定限度，喂入的纤网虽经压网辊压缩，但由于纤网本身的弹性，在离开压网辊后，仍会恢复至相当蓬松状态而导致拥塞（图 2-30 中 A 处），此时纤网受到剥网板和托网板进口处的阻滞，纤维上下表面产生速度差异，有时在纤网上产生折痕，影响了预刺纤网的质量，为了克服这一缺点，可将剥网板安装成倾斜式，做成进口大、出口小的喇叭口状，或者将剥网板设计成上、下活动式。

为了克服压网辊式这种不良现象，将压网辊改为压网帘，这样压网帘与送网帘相配合，形成进口大、出口小的喇叭口状，使纤网受到逐步压缩，如图 2-31 所示。纤网离开压网帘后，还受到一对喂入压辊的压缩，较好地解决了纤维的拥塞现象。

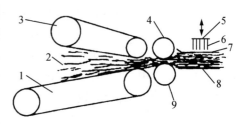

图 2-31 压网帘式送网装置

1—送网帘；2—纤网；3—上压网帘；
4—上压轴；5—针板；6—刺针；
7—剥网板；8—托网板；9—下压轴

（2）针刺机构 针刺机构是针刺机的主要机构，它决定和影响了针刺机的性能及产品质量。针刺频率代表针刺机性能主要指标，一般 800～1 200 次/min，最高 3 000 次/min 左右，针刺频率越高，意味着技术水平也越高。针刺机构由主轴、偏心轮、针梁、针板、刺针、剥网板和托网板等组成。主轴通过偏心轮带动针梁作上下往复运动，纤网从剥网板和拖网板中间经过，受到刺针的反复穿刺，从而使纤维网得到加固。

刺针为针刺机的关键机件，如图 2-32 所示，它由针叶 T、针腰 S、针柄 R 和针尖等四部分组成。

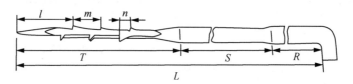

图 2-32 刺针外形

l—针尖长度；m—针刺隔距；n—相邻针刺隔距；T—针叶长度；
S—针腰长度；R—针柄长度；L—全针长度

（3）牵拉机构 牵拉机构亦称输出机构，通常由一对牵拉辊组成。牵拉辊是积极式传动，其表面包有糙面橡胶皮或金刚砂皮，其表面速度必须与喂入辊表面速度相配合。牵拉速度太快，会增大附加牵伸，影响产品质量，严重时甚至引起断针。牵拉辊、喂入辊、送网帘的传动方式，有间歇式和连续式两种，一般认为，当针刺机的主轴速度超过 800 r/min 时，可采用连续式传动。连续式传动与间歇式传动相比，不仅机构简单，而且使机台运转平稳，可减少振动，有利于提高车速。

（二）水刺法加固工艺及其相关机械

1. 水刺法加固工艺 水刺法又称水力喷射法、水力缠结法、射流喷网法、射流缠结法等。水刺法是依靠水力喷射器（又称水刺头）喷射出的极细的高压水流所形成的"水针"，来喷刺纤网，使纤维网中的纤维相互缠结而固结在一起，达到加固纤网的目的，是非织造布固结工艺中一种独特的、正在蓬勃发展的新型加工技术，具有广阔的发展前景。水刺法加固的工艺流程如下。

纤维准备→开松、混合→纤维成网→预湿→水刺加固→脱水→预烘燥→后整理（印花、浸胶、上色、上浆等）→烘燥定型→分切卷绕→包装

其中，纤维成网可采用干法的梳理成网和气流成网、湿法成网、聚合物挤压成网法的纺丝成网和熔喷成网。以干法梳理成网应用最多，其次是气流成网和湿法成网，而纺丝成网和熔喷法成网应用较少。应用的纤维网克重一般为 $24 \sim 300 \ \mathrm{g/m^2}$，棉纤维网一般不低于 $18 \ \mathrm{g/m^2}$。

图 2-33 为水刺非织造布的工作原理示意图。由成网机构输出的纤维网经预刺后输入水刺区，当多股、高压（20 MPa 左右）集束的极细水流经水刺头的水腔、水针板垂直射向纤网（箭头下方）。而纤网是由拖网拖持运动的，拖网有两层，外网是不锈钢丝网，内网是由不锈钢板卷制焊接而成具有很大开孔率的抽吸辊筒，辊筒内腔有真空箱，水流穿刺过纤网后的部分水流在真空箱的负压作用下直接吸入辊筒内腔，另一部分水则在穿过纤网后冲击到不锈钢丝网上。由于不锈钢丝网具有三维结构，水流在冲向不锈钢丝网后向不同方向反弹回来，产生复杂的多向反射水流，它们又再次射向纤网，因此纤网中的纤维便同时受到垂直于纤网方向及不同方向的水流冲击，纤维之间便产生了缠结作

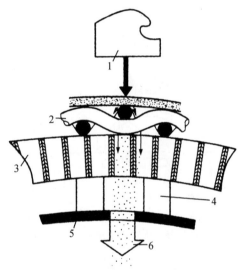

图 2-33 水刺加固工作原理示意图

1—水刺头；2—金属拖网；3—抽吸辊筒；4—真空密封；5—真空箱；6—水流

用。反射水流经一次或多次反射后，能量减少，在辊筒内真空抽吸装置负压作用下吸入辊筒内腔，然后被抽出辊筒至水过滤、循环装置。经过头道水刺冲刺缠结加固后的纤网送至第二、第三、第四、第五……水刺头，继续进行水刺加固，最终成为柔软性好、强度高的水刺非织造布。

2. 水刺机的主要机构 水刺法加固设备称为水刺机，其主要由水刺头、输送网帘、烘燥装置和水循环处理系统等部分组成。

美国 Honeycomb 公司和法国 Perfojet 公司联合研制的 Jetlace 2000 型水刺生产线如图 2-34 所示，它采用了辊筒式和平台式结合的方式，系统中有三个水刺滚筒，分别对纤网的两面进行喷刺加工，后面紧接着一个平台式水刺区，纤网的两面分别经受了两种方式的水刺处理，使纤网得到了充分的加固缠结作用。烘燥采用的是 Honeycomb 公司的滚筒式热风烘

箱,烘燥效果好。整个生产线全部计算机控制,自动化程度高。这种水刺生产线适合加工的纤网克重范围可达 20~400 g/m²,生产速度可达 250~300 m/min,最高设备工作宽度 3.5 m,水压可达到 40 MPa,生产效率高,能耗低,用途广。

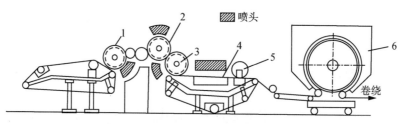

图 2-34   Jetlace 2000 型水刺生产线

1—第一滚筒水刺;2—第二滚筒水刺筒;3—第三滚筒水刺;4—水平式水刺区;
5—吸水装置;6—滚筒式烘箱

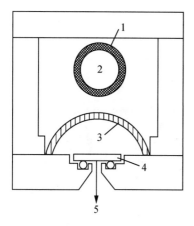

图 2-35   水刺头结构

1—安全过滤网;2—上水腔;3—射流分水板;
4—水针板;5—水针

(1)水刺头   水刺头的结构如图 2-35 所示。水刺头是产生高压集束水流的主要部件之一,它由内部带有进水孔道的集流腔体和下部的水针板组成。高压水通过喷水腔体一侧的进水管导入上水腔,经安全过滤网过滤后再从射流分水板进入下水腔,并通过水针板上的小孔射向纤网。

水针板是一块长方形的薄不锈钢片,上面开有单排、双排或三排隔距很小的微孔(一般孔直径为 0.08~0.18 mm),针孔密度为单排孔 8~24 孔/cm,双排孔 16~36 孔/cm,三排孔 24~48 孔/cm。水针板厚度为 0.7~1.0 mm,水针板孔的加工精度要求很高。

水刺机分为平台式、辊筒式以及平台、辊筒结合式三种机型。因此,数个水刺头可沿水平方式排列(平台式),或者沿圆周方式排列(辊筒式)以及水平和圆周结合排列方式。

图 2-36 所示为水平排列式,水刺头位于一个平面上,输送网帘在带有脱水孔的平行板上输送纤网时作平面运动并受到水刺头的喷刺处理。图 2-37 所示为圆周排列式,水刺头沿着一个拖持滚筒径向排列,滚筒表面开有蜂巢式孔,开孔率极大,滚筒内形成真空吸风系统。输送网帘套在吸风滚筒外面并随滚筒回转,纤网在负压作用下吸附在网帘上并随网帘一起运动,受到圆周式排列的水刺头喷刺固结。

(2)输送网帘   输送网帘也可称为托网帘,采用不锈钢丝、高强聚酰胺、聚酯单丝按照工艺要求的目数、花纹、规格等编织而成,大多采用不锈钢丝编织而成,故称为金属网帘。托网帘有三个作用:一是拖持并输送纤网;二是进行花纹水刺,即通过托网帘不同的结构、目数形成水刺产品不同的花纹结构,使产品具有某种花纹图案和获得传统纺织面料的外观;三是水刺时网帘对高压水针反射,可起到纤网加固的作用。

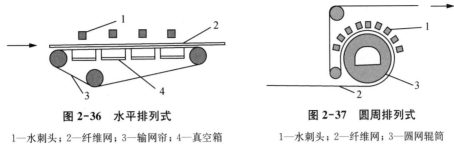

图 2-36　水平排列式　　　　　　　　图 2-37　圆周排列式

1—水刺头；2—纤维网；3—输网帘；4—真空箱　　　　1—水刺头；2—纤维网；3—圆网辊筒

（3）烘燥装置　经过水刺加固后的纤网，含有大量的水分。因此，当纤网进行完水刺加固后，需马上进行脱水处理，通常采用脱水装置如真空吸水箱和抽吸辊筒，先把大部分与纤维结合不紧密的水分去除掉，然后进入烘燥装置进行烘燥。烘燥不仅可以除去纤维网中与纤维结合较紧密剩余的水分，而且可达到使产品尺寸稳定定型的目的，有利于提高产品的质量。

烘燥方式多种多样，但针对水刺法非织造布这一特定的对象来说，较为普遍的是采用平网热风穿透式烘燥（如图 2-38 所示）和热风穿透滚筒式烘燥。这种方式是采用空气对流的原理，让热空气经风机的抽吸作用把热量传递给水刺纤网，以蒸发水分，使热交换充分，提高了烘燥效率，这种烘燥装置具有烘燥效率高、占地面积小、能耗较低和烘燥比较缓和等特点，因此，产品质地柔软，且表面无极光现象。

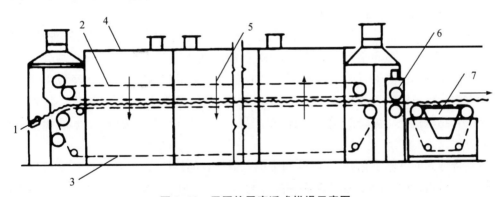

图 2-38　平网热风穿透式烘燥示意图

1—纤维；2—上帘网；3—下帘网；4—烘箱；5—热风；6—压辊；7—冷却装置

（4）水循环处理系统　水循环处理系统主要由水循环过滤、增压、回收等装置组成。其工作过程如图 2-39 所示：高压水经水刺头中水针板喷射出极细微的高压水流，在完成对纤网的缠结加固后，被吸入输送网帘下的真空吸水箱，然后抽至水气分离器中，空气由真空泵抽出，回用水由供水泵 P1 送至滚筒式连续过滤器过滤。一级过滤水和补充的新鲜水一起进入储水箱，再由供水泵 P2 输入自清洗砂滤器，二级过滤水进入化学处理装置，使胶体杂质形成絮凝物，再经袋式过滤。最后由水泵 P3 将水送至芯式过滤器过滤后进入高压泵 P4 加压，高压水经水刺装置内的安全过滤网后，再从水针板针孔中喷出，完成了水刺用水的循环处理和循环使用。由于水刺非织造布所用原料的不同对水处理系统的要求也不一样，因此，必须合理选用和配置水处理循环系统来满足水的净化质量和要求。

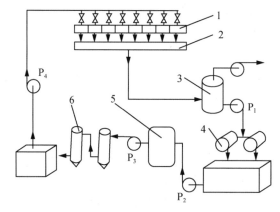

图 2-39　水循环处理系统示意图

1—水刺头；2—集水器；3—水气分离器；4—滚筒式过滤器；5—袋式过滤器；
6—芯式过滤器；P1、P2、P3、P4—水泵

先进的水刺机生产线在电气控制系统方面一般采用多单元变频调速，工控机人机界面来实现自动化连续生产。工控机作为上位机，PLC 作为下位机，可显示水刺机速度、牵伸比、启动曲线，并可修改和设定工作参数。操作上可单机运行或多机联动，并可对整机的各个监控点进行监视。

（三）热黏合法加固工艺及其相关机械

热黏合加固是干法非织造布生产中继化学黏合法、机械加固法之后的第三种加固方法。随着化学纤维在非织造布生产中的广泛应用（目前占到 95％以上），加上合成高分子材料大都具有热塑性，因此，热黏合生产技术在非织造布生产中得到迅猛发展，已经成为纤网加固的主要方法。该方法改善了环境，提高了生产效率，节约了能源，适用范围广。特别是采用低熔点聚合物取代化学黏合剂，使非织造布产品达到了环保、卫生要求，基本取代了化学黏合工艺方法。

热黏合加固的基本工艺是：在纤维网中加入低熔点的热熔纤维、热熔性粉末或熔融裂膜网等热塑性材料，通过加热、加压后熔融流动的特性，将纤网主体纤维交叉点相互粘连在一起，再经过冷却使熔融聚合物得以固化，生产出热黏合非织造布产品。

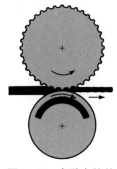

图 2-40　点黏合热轧

根据对纤网的加热方式的不同，热黏合加固可分为热轧黏合加固、热熔黏合加固、超声波黏合法等。

1. 热轧黏合法及其相关机械　热轧黏合就是当含有低熔点热熔纤维的纤网喂入到由一对热轧辊系统组成的黏合作用区域时，在热轧辊的温度和压力的共同作用下，纤网中低熔点热熔纤维软化熔融产生黏合作用，当纤网走出黏合区域后再经冷却加固制成非织造布。

热轧黏合根据其轧辊的不同组合，可分为点黏合、面黏合和表面黏合三种方式。图 2-40 所示为点黏合热轧，它采用由钢质

刻花辊与钢质光辊组合的一对轧辊,在热轧黏合时,只有在刻花辊花纹凸轧点处纤维才产生熔融黏合,从而达到固结纤维网的目的。

图 2-41 所示为面黏合热轧,它通常采用一对钢质光辊与棉辊(金属钢辊表面包覆棉层)和另一对棉辊和钢质光辊联合使用,当纤网通过光热轧辊时,由于受到光热轧辊的轧压,纤网整体表面均匀地受到热和压力的作用,使低熔点纤维发生熔融、流动、粘结。

表面黏合热轧通常采用光钢辊—棉辊—光钢辊三辊组合方式,两根钢辊均需加热,棉辊不加热。这种方式适合加工厚型产品,因为产品厚,轧辊热量不能进入到纤网的内部,只在表面加热纤网,达到纤网表面熔融黏合,称为表面黏合。

热轧黏合设备通常采用热轧机,它由热轧辊、加压油缸、冷却辊、机架以及传动系统组成。按照轧辊的数量分为 2 轧辊热轧机、3 轧辊热轧机、4 轧辊热轧机等。热轧辊根据产品需要可选用表面刻有花纹的刻花辊、不刻花的光钢辊或棉辊(金属辊表面包覆棉层)等。图 2-42 为意大利 Ramisch 公司生产的两辊热轧机,其表面最高温度可达到 250 ℃,轧辊钳口压力调节范围为 15~150 N/mm。当热轧非织造材料需要不同的轧点花纹时,两辊热轧机必须停产一定的时间更换刻花辊。

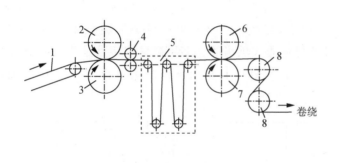

图 2-41　面黏合热轧　　　　图 2-42　两辊热轧机

1—纤网;2—光钢辊;3—棉辊;4—牵拉辊;5—补偿装置;
6—棉辊;7—光钢辊;8—水冷却辊

根据刻花辊上凸点的形状和排列方式,可在布的表面形成一定的花纹。当生产不同定量或不同性能要求的热轧非织造布时,应选择不同轧辊花纹和不同轧点高度的轧辊才能保证产品的质量。刻花辊表面常用的轧点形状有菱形、方形、一字形、十字形等(如图 2-43 所示)。

图 2-43　常用的轧点形状

2. 热熔黏合法及其相关机械　热熔黏合(又称热风黏合)非织造布,是指利用热风加热方式,对混有热熔介质的纤网进行加热处理,使纤网中的热熔纤维或热熔粉末受热熔融,融体发生流动并凝结在纤维交叉点上,冷却后纤网得到黏合加固而制成的非织造布。

　　热风黏合采用单层或多层平网烘箱或圆网滚筒对纤维网进行加热,在较长的烘箱内纤网有足够的时间受热熔融并产生黏合加固。热熔黏合生产中大多要在纤网中混入一定比例的低熔点黏结纤维或采用双组分纤维,或是撒粉装置在纤网进入烘房前施加一定量的黏合粉末,粉末熔点较纤维熔点低,受热后很快熔融,使纤维之间产生黏合。

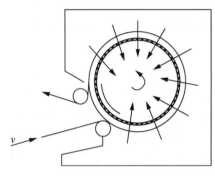

图 2-44　圆网滚筒烘燥机示意图

　　热熔黏合的烘房设备主要采用圆网滚筒式烘房、平网热风穿透式及红外线辐射式烘房等设备。如图 2-44 所示,是一种圆网滚筒烘燥机。当采用单个滚筒时,纤网对滚筒的包围角可达 300°。轴流风机从滚筒侧面抽风,形成循环气流。气流经过热交换器时进行加热。这种设备的优点是占地面积小,加热速度快,纤网贴附在滚筒上,不易产生变形等。

　　图 2-45 是单层平网穿透式烘燥设备示意图。这种设备可根据需要将整个工作长度分为几个不同的温度区域,以满足工艺上的要求,比较适合厚型纤网的热风黏合加工,但设备占地面积大。也有采用双层或多层平网穿透式烘房的。多层烘房的特点是节省占地面积,在保持一定的生产速度时,能增加纤网受热时间,从而保证黏结材料充分熔融,形成良好的黏合。

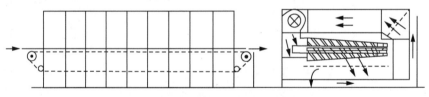

图 2-45　单层平网穿透式烘燥设备示意图

　　3. 超声波黏合法及其相关机械　超声波黏合法加固是一种新型的热黏合加固,它利用高频转换器,将低频电流转换成高频电流,然后再通过压电效应,通过电能—机械能转换器转换成高频机械能。高频机械能通过超声波发生器将高达 18 kHz 以上的振动能传送给纤维网,在压力和振动频率的共同作用下使纤维网内部分子运动加剧,释放出热能,使纤维软化、熔融,从而实现对纤网的黏合。

　　超声波黏合法不像其他热黏合法那样采用的是用外部热量进行加热熔融黏合,而是采用由内向外加热熔融的方式,即使在与大头针针头尺寸差不多的区域也能有效地黏合,因此生产的非织造布产品蓬松、柔软。超声波黏合在加工一定纤维网定量的范围内速度比较高,如加工 100 g/m² 产品时速度可达到 150 m/min。超声波法黏合的能量稳定,耗能少,具有较大发展潜力,如图 2-46 所示。

　　(四) 化学黏合法加固工艺及其相关机械

　　化学黏合法加固是非织造布生产中应用历史最长、使用范围最广的一种纤网加固方法,它是将黏合剂通过浸渍、喷洒、印花和泡沫等方法施加到纤维网中,经过加热处理使水分蒸发、黏合剂固化,从而制成非织造布的一种方法。

1. 浸渍黏合法及其相关机械　浸渍黏合法又称饱和浸渍法,如图 2-47 所示,这种方式由于纤网未经预加固,纤网强力很低,易发生变形。为此,对传统的浸渍机进行改进,设计了纤网专用浸渍设备,主要包括单网帘浸渍机(也叫圆网滚筒压辊式浸渍机)、双网帘浸渍机、转移式浸渍机等。图 2-48 所示为双网帘浸渍机示意图,它利用上、下网帘将纤网夹持住并带入浸渍槽中,浸渍后的纤网,经过一对轧辊的挤压,除去多余的黏合剂,再经烘燥而制成化学黏合法非织造布。

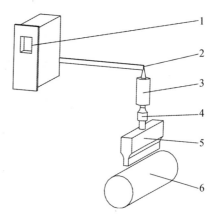

图 2-46　超声波黏合机示意图

1—超声波发生器;2—高频电缆;
3—能量转换器;4—变幅杆;5—振幅放大器;
6—带销钉的筒

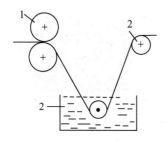

图 2-47　无网帘浸渍机

1—轧辊;2—导辊;3—浸没辊

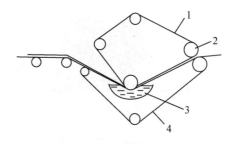

图 2-48　双网帘浸渍机

1—上网帘;2—轧辊;3—浸渍槽;4—下网帘

　　轧辊表面涂上橡胶,以增加夹持力并能顺利地除去多余的黏合剂。夹持点的压力一般为 $6.8×10^4～9×10^4$ Pa。纤网经过浸渍槽的长度为 40～50 cm,浸渍速度为 5～6 m/min,浸渍时间约为 5 s,设备幅宽一般为 50～244 cm。

　　浸渍网帘是该类设备的主要部件,网帘的材料分为不锈钢丝网、黄铜丝网、尼龙网和聚酯网等。为保证正常生产,要对网帘随时清洗,定期更换。图 2-49 是美国兰多邦德(Rando Bonder)公司制造的黏合剂转移式浸渍机示意图,它采用上、下金属网帘夹持纤网。黏合剂由浆槽流到转移辊上,透过上金属网帘的孔眼浸透到纤网中,溢出的黏合剂由下面托槽流入储液槽。浸透黏合剂的纤网经过真空吸液装置时,抽吸掉余液。上、下金属网帘都装有喷水洗涤装置。该机的特点是纤网呈水平运动,且由金属网帘上、下夹持,故纤网不易变形,车速可达 10 m/min 以上,适用于对宽幅纤网的浸渍加工。这类饱和浸渍、真空吸液的黏合生产线,一般生产速度为 8～10 m/min,纤网最低定量约为 50 g/m²。

　　2. 喷洒黏合法及其相关机械　喷洒黏合法主要用于制造高蓬松、多孔性非织造布,如过滤材料、蓬松垫等。黏合剂的喷洒由喷头来完成。喷头的安装和运动方式对黏合剂的均匀分布有很大影响。如图 2-50 所示,黏合剂的喷洒方式可归纳为多头往复式喷

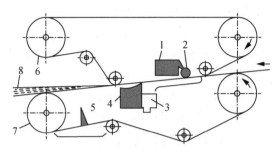

图 2-49　黏合剂转移式浸渍机

1—黏合剂浆槽；2—黏合剂转移辊；3—储液槽；4—真空吸液装置；
5—网帘清洗装置；6、7—上下金属网帘导辊；8—纤网

洒、旋转式喷洒、椭圆轨迹喷洒和固定式喷洒四种方式。往复式喷洒装置应用最广泛，它是把喷枪安装在走车上，走车往复横动，喷洒宽度可自由调整。走车上的喷头一般为 2～4 个。

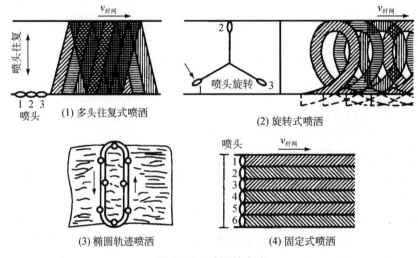

图 2-50　喷洒的方式

图 2-51 为双面式喷洒机示意图，它采用横向往复式喷洒。先向正面喷洒，然后燥干、反转，再向反面喷洒，最后燥干、焙烘、切边、卷绕，即得到喷洒黏合法非织造布。为了使黏合剂渗入纤网内部，在喷头的下方采用抽吸装置。

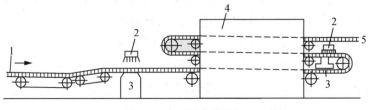

图 2-51　双面式喷洒机

1—纤网；2—喷头；3—吸风装置；4—烘房；5—成品

3. 泡沫浸渍法及其相关机械 泡沫浸渍法就是利用轧压或刮涂等方式,将发泡装置制备好的泡沫状黏合剂均匀地施加到纤网中去,待泡沫破裂后,释放出黏合剂,烘干后制成非织造布。泡沫浸渍法具有显著的节能、节水、节约化学试剂和提高产品质量等优点,近几年来发展很快。

施加泡沫黏合剂的方式主要有轧辊式和刮刀式两种,如图2-52所示。

图2-53所示为德国百得补(Freudenberg)公司生产的浸渍机,它是一种刮刀与轧辊式相结合的浸渍机。图2-54所示为德国孟福士(Monforts)公司生产的浸渍机。

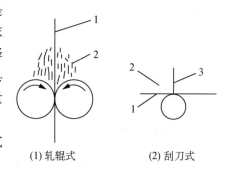

图2-52 泡沫施加的方式

1—织物；2—泡沫；3—刮刀

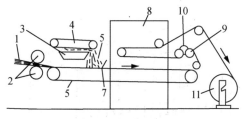

图2-53 百得补泡沫浸渍机

1—纤网；2—压辊 3—泡沫黏合剂槽；4—发泡装置；
5—泡沫黏合剂；6—网帘；7—刮刀；8—烘房；
9—轧辊；10—反面施加泡沫；11—卷取装置

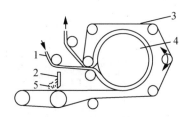

图2-54 孟福士泡沫浸渍机

1—织物；2—刮刀；3—橡胶输送带；
4—真空滚筒；5—泡沫

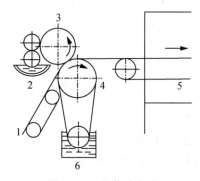

图2-55 印花黏合法

1—纤网；2—黏合剂槽；3—印花辊筒；
4—输送帘；5—烘房；6—清洗槽

4. 印花黏合法及其相关机械 印花黏合法是采用花纹滚筒或圆网印花滚筒向纤网上施加黏合剂的方法,如图2-55所示。该法适宜加工20~60 g/m² 的非织造布,主要用于生产即弃型非织造布产品,成本低廉。该方法黏合剂用量虽然较少,但能有规则地分布在纤网上,即使黏合剂的覆盖面积小,亦能得到一定的强度。黏合剂的分布一般占纤网总面积的10%~80%。施加到纤网上黏合剂的多少,需根据产品的用途来决定,在工艺上可由印花辊筒雕刻深度和黏合剂浓度来进行调节。亦可在黏合剂中添加染料,即可黏合加固,同时又印花,制成带有花纹的非织造布。根据印花辊筒的不同花纹,能制造出多种产品。

印花黏合法非织造布与饱和浸渍法黏合产品相比,强度低一些,应用范围受到一定的限制,但产品的手感很柔软,适宜生产纤维素纤维的卫生用和医用非织造布及揩布等。

九、卷绕机

生产线中的卷绕机就是实现对已定形的非织造布进行定宽、定长、分切卷绕的设备。纺黏法卷绕机功能一般包括卷绕、分切、自动换卷和计长。具体工作原理及结构见第三章。

十、电控系统

纺黏生产线全机一般采用PLC控制,生产线同步单元全部采用交流变频电动机,纺丝系统采用电加热,工艺参数、故障具有显示及报警功能,自动化程度高,系统稳定可靠。

纺黏生产线电控系统一般放在最底层,共4个箱子,分为1号、2号、3号和4号,如图2-56所示。

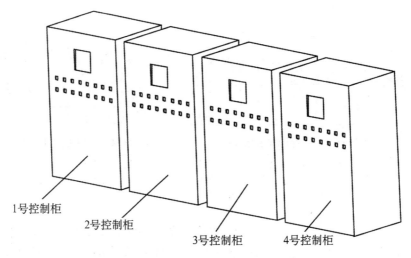

1号控制柜
2号控制柜
3号控制柜
4号控制柜

图 2-56 电控柜示意图

(一) 控制系统总体介绍

本系统中的控制系统均位于厂房一层,方便工程人员操作。

控制面板是调节计量、冷却、轧辊、成网、检测、卷绕、电机转速、换卷、报警消音、螺杆、整机循环、配料等操作的控制中枢,机器所有动作均可由一块显示屏进行控制。

(二) 各部分功能说明

1. 1号控制柜

1号控制柜显示内容:箱体油炉温控电流,箱体油炉基本电流,上、下压辊油炉基本电流、温控电流。

1号控制柜控制参数:纺丝箱体、上、下轧辊的油炉温度调节,油泵开闭,如图2-57所示。

2. 2号控制柜

2号控制柜显示内容:螺杆转速,螺杆电流,A、B、C三相电流与电源电压。

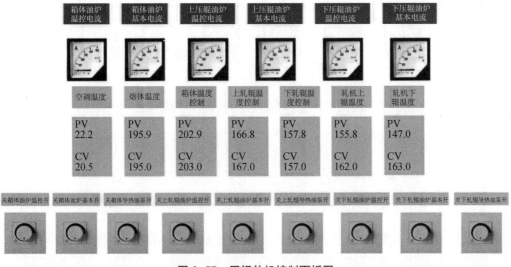

图 2-57　压辊轧机控制面板图

2 号控制柜控制参数：无，如图 2-58 所示。

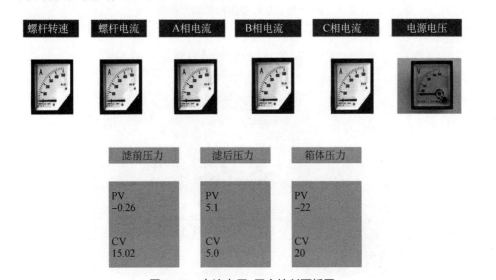

图 2-58　电流电压、压力控制面板图

3. 3 号控制柜

3 号控制柜显示内容：螺杆挤压机一区至七区温度、电流数值；压辊温度、电流数值。

3 号控制柜控制参数：螺杆挤压机一区至七区温度控制，压辊温度控制，如图 2-59 所示。

4. 4 号控制柜

4 号控制柜显示内容：显示屏、旋钮以及警示标语，如图 2-60 所示。

4 号控制柜控制参数：计量、冷却、轧辊、成网、检测、卷绕、电机转速、换卷、报警消音、螺杆、整机循环、配料。

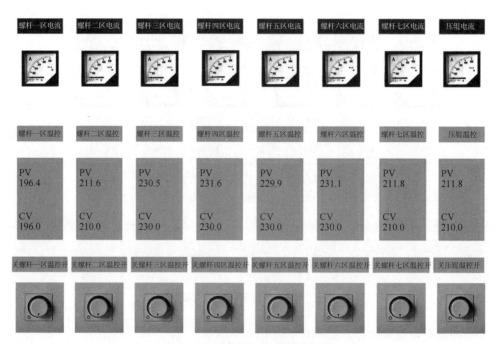

图 2-59　螺杆挤压机控制面板图

图 2-60　4 号控制柜

十一、辅助机械

辅助设备主要有循环风处理系统、导热油系统、空气压缩机、组件清洗设备和质量检测设备等。

(一) 油路图

如图 2-61 所示,冷油通过电动机驱动进入加热炉,通过加热将热油分别由加热炉 1 和 2 供给一层的上下轧辊,对辊子进行加热后,热油再通过管道回流至二层的加热炉;同时加热炉 3 加热的油通过管道进入三楼,依次通过纺丝箱、计量泵和螺杆挤压机,并由螺杆挤压机流回到加热炉 3,周而复始。

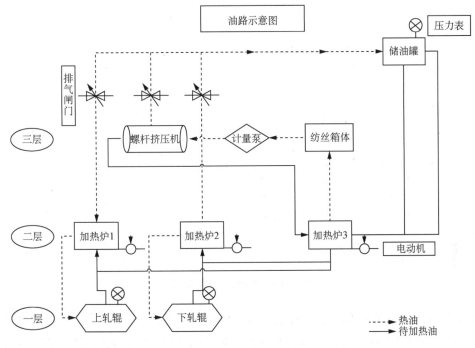

图 2-61 油路示意图

三个加热炉由近及远分别为一号、二号和三号油炉。一号油炉为纺丝箱(热黏合机)加热,二号和三号油炉为上下轧辊加热,与所示油路图一一对应,如图 2-62 所示。加热炉示意图如图 2-63 所示。

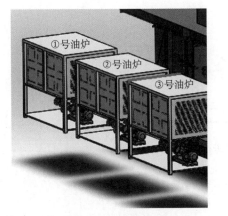

图 2-62 油炉位置示意图

图 2-63 加热炉示意图

在刚刚启动机器的时候,通过三层储油罐进行注油,通过压力表的示数和排气阀门的开闭实现对于热油的排空处理。

(二) 水路、气路图

本部分主要是风路、水路的冷却系统与导流系统,如图 2-64 所示。

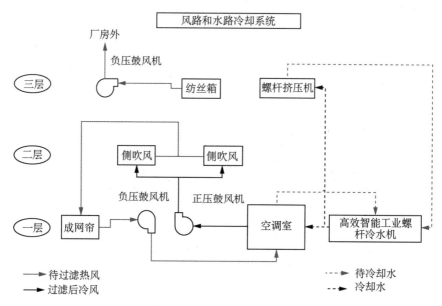

图 2-64　水路、气路示意图

如图 2-64 所示,鼓风循环系统功能有两套循环:第一部分是由一层正压鼓风机向二层的两个侧吹风箱提供过滤后的冷风,由负压鼓风机将顺着甬道吹到成网帘的风吸入,通过空调室进行冷却和过滤,再输送到正压鼓风机中;第二部分是三层的负压鼓风机将纺丝箱中的热量吸出并排放到厂房外。

冷却水由高效智能工业螺杆冷水机冷却后供给一层的空调室和三层的螺杆挤压机进行水冷降温,如图 2-65 所示。

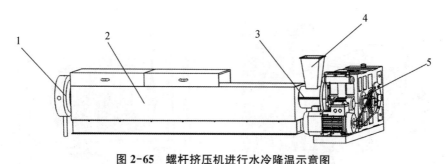

图 2-65　螺杆挤压机进行水冷降温示意图

1—出口连接件;2—螺杆挤压机机身;3—螺杆冷却部件;
4—进料口;5—车头传动装置

侧吹风四层板子分别铺满 250、500、750、1 000 个逐级递增的均质小孔。并增加引流板和可调节风量大小的挡流板,根据实际需求进行调整。气缸可以将两部分风箱进行密闭合拢,中间有橡胶垫进行密封,如图 2-21 所示。

牵伸部分夹层中放入棉团进行隔热,牵伸甬道长度为 1 800 mm,内侧为钢化玻璃,外侧为20 钢;底部角铁对外侧钢板进行固定,内侧玻璃在胶粘在方钢和底板上。牵伸部分由玻璃作为内板,中间为方钢连接,空隙中放入保温物料,底部由角铁进行固定。如图 2-23 所示。

底座部分可以由气缸控制升降,柔性物料对下放进行密封,随着升降而伸缩。送风通道的设计先扩散再吹入,设计下窄上宽满足要求,如图 2-66 所示。

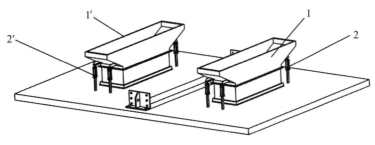

图 2-66　二层底座部分

1,1'—送风通道;2,2'—升降气缸

储油箱布局在二楼左侧,共三个,分别供应顶层的螺杆挤压机和底层的两个轧辊。三个加热炉由电机驱动,冷油自下而上进行输送,如图 2-67 所示。

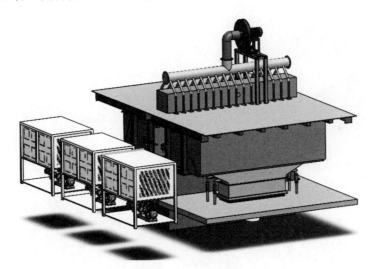

图 2-67　油箱布局图

参考文献:

[1] 刘玉军.纺黏和熔喷非织造布手册[M].北京:中国纺织出版社,2014.

[2] 柯勤飞,靳向煜.非织造学[M].上海:东华大学出版社,2004.

[3] 马建伟,陈韶娟.非织造布技术概论[M].北京:中国纺织出版社,2008.

[4] 程隆棣.湿法非织造布工艺、产品及用途[J].产业用络品,1998(3):5-9.

[5] 郭秉臣.非织造布学[M].北京:中国纺织出版社,2002.

[6] 王昕,何兆秋.湿法无纺布[J].黑龙江造纸,2006(2):41-43.

[7] 沈志明.新型非织造布技术[M].北京:中国纺织出版社,1998.

［8］陈立秋.染整后整理工艺设备与应用(二)[J].印染,2005(4):40-44.

［9］罗瑞林.织物涂层技术[M].北京:中国纺织出版社,2005.

［10］毋淑玮,兰丽丽.功能性整理新技术[J].染整技术,2006,28(12):11-13.

［11］董洁,夏建明,钱天一.牛仔布后整理工艺[J].浙江纺织服装职业技术学院学报,2009(1):31-38.

［12］马建伟,毕克鲁,郭秉臣.非织造布实用教程[M].北京:中国纺织出版社,1994.

第三章
熔喷技术与装备

第一节　熔喷生产工艺流程

一、工艺流程

(一) 熔喷工艺原理

如图 3-1 所示,熔喷工艺原理是将聚合物熔体从模头喷丝孔中均匀挤出,形成熔体细流,加热的拉伸空气从模头的喷丝孔两侧的风道(也称气道、气缝)中高速喷出,对聚合物熔体细流进行拉伸。牵伸之后,冷却空气在模头下方一定位置从两侧补入,起到使纤维冷却结晶的作用,另外在冷却空气装置下方也可以设置喷雾装置,进一步对纤维进行快速冷却。在接收装置的成网帘下方安装真空抽吸装置,使经过高速气流拉伸成形的超细纤维均匀地收集在接收装置的成网帘(或滚筒)上,依靠自身黏合或其他加固方法成为熔喷非织造产品。

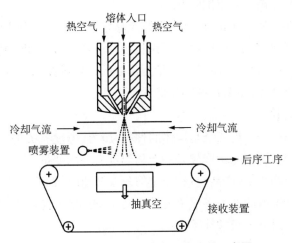

图 3-1　熔喷法非织造布工艺流程示意图

(二) 熔喷生产工艺流程

熔喷法非织造布生产技术是将高聚物树脂通过螺杆挤压机挤压熔融塑化后,通过计量泵精确计量送给喷丝组件,在高速高压热空气流的作用下拉成细度只有 $1 \sim 5 \ \mu m$ 的超细纤维,同时,这些纤细的纤维丝被牵伸气流拉断为 $40 \sim 70 \ mm$ 的短纤维[1]。接着,在牵伸气流的引导下这些短纤维落在成网机上,由本身的余热在成网机上互相黏合,从而形成一张连续的纤维网。然后经过卷绕机的卷绕成型,并由分切装置分切,最终形成熔喷非织造布,如图

3-2 所示。

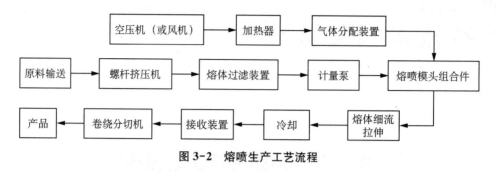

图 3-2 熔喷生产工艺流程

需注意的是,在形成纤维网之前,成网冷却负压系统会使纤维冷却降温,但这并不影响这些纤维依靠自身的余热在成网装置上互相黏合形成一张连续的纤维网。为了使从喷丝板组件出来的纤维能够全部可靠地附着在成网带上,在网下设置了吸风装置,可以将随纤维吹下的牵伸气流、冷却气流及周围环境一定范围内的空气抽走,使纤维网紧贴在成网布上定型、传输,从而避免布面出现折皱。从成网机过来的连续纤维网可用卷绕机卷绕分切,成为熔喷布产品。

二、工艺计算

在熔喷布生产过程中,经常要进行必要的工艺计算,用以设定各种工艺参数和调整设备的运行状态,生产出符合预定要求的产品[1]。

在实际生产过程中,最基本的工艺计算是产品定量计算,计算过程牵涉到熔体密度计算、纺丝泵排出量计算、纺丝泵速度计算、成网机线速度计算等。随着技术的发展,生产线中的称重式多组分计量系统和一些型号在线检测设备的计算机控制系统已具有自动统计和计算产品定量、成网机速度、纺丝泵转速的功能。

(一) 熔体密度计算

熔体密度的单位 g/cm³,是一个与熔体的种类、压力、温度有关的变量,但在实际生产中可忽略熔体压力的影响,熔体的密度仅是一个与温度有关的变量。

在生产工程中,计算产量、产品定量、设定纺丝泵转速时,都要计算熔体的密度。对于一条特定的生产线,由于熔体的温度不会有很大的变化,因此在实际使用中,可将熔体的密度当作一个常数来处理,而不用经常计算。

对 PP 熔体, $\qquad \rho = 0.897 - 5.99 \times 10^{-4} t (\text{g/cm}^3)$ （3-1）

对 PET 熔体, $\qquad \rho = 1.35 - 5.00 \times 10^{-4} t (\text{g/cm}^3)$ （3-2）

对 PA6 熔体, $\qquad \rho = 1.124 - 5.66 \times 10^{-4} t (\text{g/cm}^3)$ （3-3）

式中：t ——熔体温度,℃。

例1 熔喷系统的 PP 熔体温度为 260 ℃,按式(3-1)计算,则熔体密度为：

$$\rho = 0.897 - 5.99 \times 10^{-4} \times 260 = 0.74 \text{ g/cm}^3$$

（二）纺丝泵的挤出量计算

纺丝泵的挤出量与纺丝泵每一转的排量、纺丝泵的转速、熔体的密度相关,并呈正比关系。计算纺丝泵的挤出量有两种方法。

（1）在已知纺丝泵的参数时,根据熔体的密度和转速计算。

纺丝泵的挤出量（Q）主要由纺丝泵的转速（n）决定：

$$Q = n \times v \times \rho / 1\,000 \tag{3-4}$$

式中：Q——每分钟挤出量,kg/min;

v——纺丝泵每一转的排量,cm^3/r,当一个纺丝箱体上装有多个纺丝泵时,应为所有纺丝泵排量的总和;

ρ——熔体的密度,g/cm^3,可根据式（3-1）计算。对一般熔喷系统的 PP 熔体,可取 $\rho = 0.74$;

n——纺丝泵的转速,r/min;

1 000——为重量计量单位由 g 变换为 kg 时的换算系数。

（2）根据生产线的实际产量（未切边）计算。

当已知生产线的铺网宽度 B,定量值 q 及成网速度 V 时,可用式（3-5）求当时纺丝泵的挤出量。

$$Q = B \times q \times V / 1\,000 \tag{3-5}$$

式中：Q——每分钟挤出量,kg/min;

B——实际铺网宽度,m;

q——产品的定量值,g/m^2;

V——成网速度,m/min。

（三）生产线的产量（P）计算

虽然生产线的产量是由纺丝泵的挤出量决定的,但由于生产线的铺网宽度比产品的幅宽大,因此要将纺丝泵的挤出量与生产线的产量这两个概念区分开来。

在计算产品的定量时,要以纺丝泵的挤出量为计算依据,要考虑铺网宽度;而计算生产线的产量时,则要根据产品切边后的实际幅宽 b、定量值 q 及成网速度 V 来计算。

$$P = \frac{60 \times V \times q \times b}{1\,000} = 0.06 \times V \times q \times b \tag{3-6}$$

式中：P——产量,kg/h;

b——产品切边后的实际幅宽,m;

q——产品的定量值,g/m^2;

V——成网速度,m/min。

（四）纺丝泵速度计算

在已知产品的定量 q,成网机的线速度 V,铺网宽度 B,计算纺丝泵的转速 n。

从式（3-4）　　　　　　$Q = n \times v \times \rho / 1\,000$　(kg/min)

从式(3-5)

$$Q = B \times q \times V / 1\ 000$$

可推导出：

$$n = \frac{B \times q \times V}{v \times \rho} \text{ (r/min)} \tag{3-7}$$

(五) 成网机速度计算

已知产品的定量 q，纺丝泵的转速 n，铺网宽度 B，计算成网机的线速度 V。

从式(3-7)得出：

$$V = \frac{v \times \rho \times n}{B \times q} \text{ (m/min)} \tag{3-8}$$

三、熔喷用原料

熔喷法非织造布生产所用的各种原料为"热塑性"塑料。热塑性是指在特定温度范围内塑料能反复加热软化，在冷却后硬化的特性。熔喷法非织造布生产工艺所用的各种原料在常温都是固态的，有时也称为"切片"或"树脂"。

熔喷法非织造布生产工艺所使用的原料主要有：聚丙烯(PP)、聚酯(PET)、聚酰胺(PA)、聚乙烯(PE)、聚氨酯(PU)、聚乳酸(PLA)等，PP 是最常用、用量最大、用途最广的一种原料。

由于在使用不同的原料时，产品的特性也会不同，生产流程会有差异，设备的性能及配置也不相同，这将对产品的用途、市场、经济效益及生产线的价格都会产生重大影响。因此，这是决定生产线性能指标的第一个先决条件。

原料的平均分子量、分子量分布宽度、原料的流变性能对可纺性、产品的性能都有密切的关系。生产过程中使用的各种辅料的特性要与主料的性能匹配，如用于 PP 纺丝的色母粒载体就应该同样是 PP，但其流动特性会更高。

可纺性是衡量高聚物原料纺制成细纤维的难易程度的一个重要应用特性，是指其熔体在喷丝孔喷出以后，熔体细流形成具有一定物理机械性能的连续纤维的特性。高聚物原料与可纺性相关的特性主要分为物理特性与化学特性两大类。

原料的物理特性主要是指熔点、软化点、玻璃化温度，剪切黏度、拉伸黏度，结晶度，水分含量、杂质含量等。

原料的化学特性主要是指分子结构、分子量、分子量分布、稳定性等。

聚合物原料的物理特性及化学特性对熔体的可纺性有重要影响，以 PP 为例，要求其分子结构为等规型，分子量较小、有合适的熔融指数，分子量分布宽度小于 4，水分含量小于 500 mg/kg，杂质含量小于 250 mg/kg 等。

聚合物的可纺性不良时，其表现为纺丝熔体温度波动，熔体压力偏高，有熔体滴落，无法经受高速牵伸，容易出现断丝，易降解、单体多、烟雾大，过滤网、喷丝板使用周期短，容易产生停机故障等。

（一）聚丙烯（PP）

聚丙烯是目前最重要的聚合物纤维原料，也是生产口罩中间防护层熔喷布必需的原料，我国有近 94% 的熔喷布所用的原料都是聚丙烯。聚丙烯纤维与其他合成纤维有两大不同：第一是其吸湿性很低，这就使聚丙烯纤维具有极好的耐污性与几乎相同的干、湿态特性；第二是它拥有所有纤维中最小的密度，这使它在相同重量条件下有更好的覆盖性。

聚丙烯纤维基本性能如下：极低的密度（0.91 g/cm³）；低的含水率（小于 0.1%）；良好的耐化学性（耐酸、碱、溶剂）；防霉、防腐、防蛀、抗菌；良好的隔热、保温、绝缘性能；高刚度、良好的抗拉强度（4.5~7.5 cN/dtex）；良好的耐疲劳性、耐磨性；良好的水解稳定性；原液染色性好（可染色谱广）；耐温性为 120 ℃、熔点为 165 ℃；易再生使用。

聚丙烯纤维的碳氢结构（即缺少任何极性）使其具有高的拒水性，因而可防止极性材料引起的沾染。对非织造布来说，这一特性也可通过适当的后整理来加以改变，使 PP 非织造布具有亲水性或其他特殊的性能。

聚丙烯熔点很低（165 ℃），因此纤网适合采用热轧黏合固结加工，产品已被广泛用于卫生巾与尿片的包覆材料。

PP 非织造布因具有比重轻、吸水性小、芯吸性好等优点，可使身体排出的体液迅速被传导，与之接触的皮肤不会产生潮湿等不适感。同时，PP 非织造布比表面积大，有较高的孔隙度，为分泌物的排水提供了开放的结构，可减少二次感染。

由于聚丙烯纤维的非离子型化学特性，采用普通的工艺难以染色。因此 PP 非织造布都是采用熔体染色工艺，即在聚合物切片原料中混入色母粒，进行熔体共混纺丝染色。除了产品染色外，还可以在熔体中添加功能母粒，使产品具有特定的功能。一般情况下由光线诱发（紫外线 UV）的降解现象会导致 PP 非织造布褪色、发脆、机械强力下降等弊病。现在可以采用添加抗老化剂的方法来减少紫外线对产品的影响，延长产品的有效使用时间。

但要指出，PP 非织造布在伽马射线照射下（这是生产卫生材料时所采取的一种消毒方法）会分解，释放出一股气味，改变颜色，并且发脆。这是 PP 非织造布用于医疗卫生领域时要注意的问题。

1. 聚丙烯的分子结构

聚丙烯是由碳原子为主链的大分子所组成的聚合物，根据其甲基在空间排列位置的不同，存在三种立体结构形式，即等规、间规和无规结构。

等规聚丙烯大分子是由相同构型的有规则的重复单元构成的，这种规则的结构很容易结晶。在熔喷法非织造布生产中，一般采用等规聚合物，并要求其等规度在 95% 以上。

2. 聚丙烯的结晶性能

聚丙烯熔体冷却便生成从晶核向四周扩张的球晶结构，存在杂质或内应力集中的地方首先生成晶核。冷却速度快，生成的晶核就多。因此球晶的大小同冷却方式有很大的关系。球晶的大小对聚丙烯的物理机械性能有很大影响。在不同的工艺条件下，结晶度、球晶大小、内部排列等情况也不同。因此，加工工艺直接影响成品的质量。

聚丙烯的结晶速度随结晶温度而变化，温度过高，不容易形成晶核，结晶缓慢；温度过低，由于分子链扩散困难，也使结晶难以进行，通常在 125~135 ℃ 结晶速度较快。聚丙烯等规度高,结晶速度也快,在其他条件相同时,高分子量的聚丙烯较低分子量的聚丙烯结晶缓慢。

聚丙烯球晶的数目、大小和种类对成形材料的二次加工性能有影响,屈服应力与单位体积中的球晶数的平方根成正比,在结晶度相同时,球晶小的材料屈服应力与硬度较大。

3. 聚丙烯的流变性能

在聚丙烯成形加工中,熔体流动性能是一个重要指标,一般采用熔体流动指数(MFI)来表征,MFI 值越大,熔体的流动性越好。它是指在 230 ℃的熔融状态下,在 10 min 时间内,标准负荷(2 160 g)下,流经标准(直径 2.095 mm,长 8 mm)毛细管的熔体重量,其单位为 g/10 min。这是目前企业常用的测试方法,通常以此表征原料切片的流动特性。熔体流动指数也称为熔融指数。

熔融指数(MFI)的大小与聚丙烯的相对分子质量有关,一般等规聚丙烯的平均相对分子质量在 180 000~300 000 之间。相对分子质量越大,MFI 值越小。由于树脂品种及成形方法的不同,所选用树脂的熔融指数差别较大。

生产熔喷法非织造布要用流动特性更好的树脂,熔融指数一般要在 400~1 500 g/10 min。一般熔体流动速率越高,熔体的黏度越低,就更易于牵伸成更细的纤维,单纤维的强度会较小。如果需要强度较高的纤维,就要选用熔体流动速率较低的树脂。图 3-3 所示为熔体流动速率与熔喷纤维细度的关系。

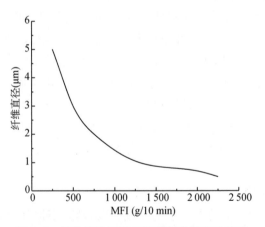

图 3-3 熔体流动速率与熔喷纤维细度的关系

由于影响非织造布强度的主要因素是纤维的粗细、纤网的均匀度及固结条件等,所以,树脂的流动速率对非织造布的强度有一定的影响,但影响并不是太大。

熔体在毛细孔流动时产生的法向应力差使取向的分子在出口处产生一种胀大的倾向。这种胀大效应依赖于毛细孔的尺寸,尤其是细孔的长径比(L/D),它随着 L/D 值的增加以及毛细孔平均剪切速率梯度的降低而降低;而随着熔体温度的降低,使松弛效应减慢和黏性阻尼增加,致使挤出胀大效应变得显著。聚丙烯柔软的分子链结构,使其在加工成形过程中对这种出口胀大行为不能忽视。这是设计喷丝板的孔间距离、喷丝孔的长径比时要考虑的因素。

4. 聚丙烯的可纺性

聚丙烯的可纺性与其相对分子质量及分布密切相关。一般相对分子质量分布以重均分子量（M_w）与数均分子量（M_n）的比值来度量。用于纺丝的聚丙烯树脂的相对分子质量分布越窄越好。

聚丙烯的玻璃化转变温度为 $-35\sim10\ ℃$，根据不同的样品纯度、测试方法和条件而不同。聚丙烯的熔点与等规度有关。一般聚丙烯的熔点为 $164\sim170\ ℃$，纯净等规聚丙烯熔点为 $176\ ℃$，纺丝温度需控制在熔点以上。具体的熔体温度与原料 MFI，纺丝工艺及机型有关，同一种原料，在不同的机型上使用，熔体的温度可相差几十度。在纺丝成形过程中，随聚丙烯 MFI 值的增大，相对分子质量减小，纺丝温度应相应降低。

需要指出的是：由于聚丙烯有较高的熔体黏度，若在较低的纺丝温度下，很容易导致取向和结晶同时发生，并形成高度有序的单斜晶体结构；相反，在较高的纺丝温度下，由于在结晶发生前具有较大的流动性，初生纤维的预取向度低，且形成不稳定的蝶状液晶结构，可实现较高倍数的拉伸，从而获得高强度纤维。

近年来，由于茂金属催化剂的发展，以茂金属催化均相聚合等规聚丙烯的生产及应用，可以制备相对分子质量分布更狭窄、均化性更高的聚合物。茂金属催化聚丙烯有优异的流变性能，可以在正常的纺丝温度下有较大的流动速率，能降低纺丝压力，并挤出更细丝条，可比用普通的原料纺出单丝纤度更小的纤维，及定量值更低的非织造布。茂金属催化聚合物原料在提高产品的均匀度与覆盖能力、改善手感、节约能源等方面有良好的效果，是目前生产细旦纤维的重要原料。表 3-1 所示为茂金属聚丙烯与常规聚丙烯性能的比较。

表 3-1　茂金属聚丙烯与常规聚丙烯性能的比较

性能	茂金属聚丙烯	常规聚丙烯
熔点（℃）	$147\sim158$	$160\sim165$
相对分子质量分布（M_w/M_n）	2.0	$3.5\sim5.0$

由于茂金属络合物催化剂可以使聚丙烯的熔点在 $130\sim170\ ℃$ 之间调节，比常规聚丙烯大约低 $15\ ℃$，从而在聚合过程中可使聚合物易于同熔点更低的基质如聚丙烯共聚物、聚乙烯等分层，同时可以减少残渣率并提高生产率，在反复挤压过程中显示出极好的抗氧化断裂性。表 3-2 所示为陶氏（DAW）公司功能性聚烯烃的数据。

表 3-2　陶氏（DAW）公司功能性聚烯烃一览表

原料牌号	熔融指数（g/10 min）	密度（g/cm³）	应用领域
ASPUN6834	17	0.950	特色纺黏布 stapl fiber
ASPUN6835A	17	0.950	纺黏布 stapl fiber
ASPUN6850A	30	0.955	纺黏布 stapl fiber
DOWLEX2027G	4	0.941	涂层 coating
ELITE5815G	15	0.910	涂层 coating

原料牌号	熔融指数(g/10 min)	密度(g/cm³)	应用领域
VERSIFY4200	25	0.876	柔软纺黏布
AMPLIFY GR204	12	0.952	黏合剂 binder fiber

注：1. 熔融指数测试方法 ASTMD 1238，单位 g/10 min。密度测试方法 ASTMD79，单位 g/cm³。

2. VERSIFY4200 与 PP 切片共混纺丝可改善产品的柔软性，与过氧化物断链剂(如 CBA 公司 CR76)配合，可用作高熔融指数熔喷原料。

5. 聚丙烯的其他物化性能

聚丙烯的导热系数是所有纤维中最低的，其保温效果比羊毛还好，为$(8.79 \sim 17.58) \times 10^{-2}$ W/(m·K)。聚丙烯的密度较低，其纤维密度为 $0.90 \sim 0.92$ g/cm³，而且具有较大的覆盖面积，可用作家庭和车用内饰填料、保暖絮片材料及吸音、隔热材料等。

聚丙烯不与一般的化学试剂反应，具有较强的耐化学药品性能，聚丙烯非织造布可用于制造土工布、铅酸蓄电池隔膜、过滤材料等。其细旦纤维具有疏水性及芯吸作用，由于主链中没有活性基团，材料本身不易被细菌、霉菌侵蚀，与人体皮肤接触无刺激、无毒性等，具有良好的卫生性能，因此，可广泛应用于医疗卫生领域。

聚丙烯大分子链上不含有极性基团，其吸水性极差，聚丙烯纤维的回潮率是所有纤维中最低的，为 $0 \sim 0.03\%$，在生产及应用过程中，产品中的水分易排除，节省干燥的能耗，但容易产生静电。另一方面，聚丙烯的亲油性链结构以及在纤维后拉伸中由于晶体的转变所形成的内部毛细结构，致使其产品具有强的吸油性。

聚丙烯还具有价格低及可以回收、循环使用的优点。新工艺、新技术的开发与应用，都将使聚丙烯在非织造布行业中保持强劲的势头。根据 2011 年统计，中国用聚丙烯为原料生产的纺黏法和熔喷法非织造布的总产量占了同类型工艺非织造布总产量的 93.3%。

6. 熔喷法聚丙烯切片原料要求

在聚丙烯纺丝过程中，常常会用到不同牌号的原料，其可纺性会有较大的差异，如喷丝组件使用周期的长短、断丝的产生率、纤维的均匀性等都不同。这往往是由于树脂中含有杂质等原因所致。

树脂中的杂质可以分为无机杂质和有机杂质两种，其中无机杂质包括外来杂质和树脂内杂质，前者来自树脂切片生产环境、储存、运输和使用时带入的杂质；后者主要来自催化剂和各类助剂，如色母粒、阻燃母粒等。无机杂质含有钛、铝、硅、铁、钠等，有人认为钠是影响过滤性能的主要成分。

有机杂质可能是一些分子量极高(超过 100 万)的和支化的齐聚高熔点异物，这同树脂指标上的晶点、鱼眼或凝胶粒子有关。在熔喷过程中，这些杂质中一小部分粒径较大的杂质被过滤介质滤去，而一部分粒径较小的杂质可通过过滤介质的空隙而残留在初生纤维中。

过高的杂质含量容易导致纺丝组件内过滤网堵塞，熔体压力升高过快，尤其是当灰分高、凝胶粒子大而多时，这种情况更为严重。因而常要频繁更换熔体过滤器的滤网，否则易引起熔体压力波动、熔体泄漏、击穿速网、组件的使用周期缩短。因此，聚丙烯切片中杂质含量应该限制在 0.025% 以内，以保证纺丝过程的连续进行。

由于聚丙烯分子内不含亲水性基团,且水解速度慢,因而对切片水分含量要求不高,只要求它不影响可纺性和在成形中不产生气泡即可。

7. 熔喷法常用聚丙烯切片

熔体纺丝成网生产线使用的聚丙烯切片原料为纺丝级聚丙烯(PP)切片,其具体性能如下。

(1) 熔融指数(MFI):熔喷法用 400～1 500 g/10 min。

(2) 相对分子质量分布宽度 (M_w/M_n):<4～5。

(3) 熔点:164～170 ℃(纯等规聚丙烯的熔点为 176 ℃)。

(4) 密度:0.91 g/cm^3。

(5) 等规度:不低于 96％。

(6) 灰分:不高于 0.025％(重量)。

(7) 含湿量:不高于 0.05％(重量)。

(8) 外观光滑,粒度均匀,无连粒现象。

8. 原料的处理

聚丙烯熔喷专用料要求有较高的流动性,因此需要用造粒机将聚丙烯粉料经过改性造粒,提高融指才能做成熔喷颗粒料。主要工艺流程为有机过氧化物混合料或母料定量加入搅和,螺杆挤压机挤出,造粒,包装。

有机过氧化物在挤出机中停留时间是一个很重要的指标,一般在挤出温度(PP 加工温度)不变的情况下,以保证过氧化物不残留在聚合物中,在随后的纺丝加工中不进行第二次降解,不影响产品质量;精确控制有机过氧化物的加入量,在粉料中的均匀分散;严格控制造粒温度(±5～10 ℃)。过氧化物超高融指聚丙烯在非专用设备上造粒困难[3]。

(二) 聚酯(PET)

聚酯的学名为聚对苯二甲酸乙二酯(PET),商品名为涤纶。聚酯是热塑性聚合物,由于其具有优良的物理机械性能和加工性能,是熔喷布的重要原料之一。

1. PET 的分子结构

PET 分子链通过酯基相连,其化学性质多与酯键有关,如在高温和水存在下,或在强碱性介质中容易发生酯键的水解,使分子链断裂,聚合度下降,所以在 PET 纺丝成形过程中必须严格控制水分含量。

2. PET 的物理性能

表 3-3 PET 的物理性能

物理特性		单位	参数
玻璃化温度	无定形	℃	67
	晶态	℃	81
	取向态结晶	℃	125
固态密度		g/cm^3	1.335～1.455

（续表）

物理特性		单位	参数
熔体密度	270 ℃	g/cm³	1.220
	295 ℃	g/cm³	1.117
熔融热		J/g	130～134
导热系数		W/(cm·K)	1.407×10³
折射率	2 ℃		2.480
	25 ℃		1.574
体积膨胀系数	30～60 ℃		1.6×10⁻⁴
	90～190 ℃		3.7×10⁻⁴
吸水性(25 ℃浸水 7 天)			0.5％
体积电阻(25 ℃相对湿度 65％)		Ω/cm	1.2×10¹⁹
燃烧性			能燃,但不着火

3. 化学性能

PET 除耐碱性差以外,耐其他化学试剂性能均较优良。

(1) 耐酸性:PET 对酸(尤其是有机酸)很稳定,在 100 ℃下于 5％盐酸溶液内浸泡 24 h,或在 40 ℃下于 70％硫酸溶液内浸泡 72 h,其强度均无损失,但在室温下不能抵抗浓硫酸或浓硝酸的长时间作用。

(2) 耐碱性:由于 PET 大分子上的酯基受碱作用容易水解。在常温下与浓碱、在高温下与稀碱作用,能使纤维破坏,只有在低温下对稀碱或弱碱才比较稳定。

(3) 耐溶剂性:PET 对一般非极性有机溶剂有极强的抵抗力,即使对极性有机溶剂在室温下也有相当强的抵抗力。

例如在室温下于丙酮、氯仿、甲苯、三氯乙烯、四氯化碳中浸泡 24 h,纤维强度不降低。在加热状态下,可溶于苯酚、二甲酚、邻二氯苯酚、苯甲醇、硝基苯和苯酚-四氯化碳、苯酚-氯仿、苯酚-甲苯等混合溶剂中。

(4) 耐微生物性:PET 耐微生物作用,耐虫蛀,不受霉菌等作用。

因此,常用来制造土工布和环境保护用产品,如垃圾填埋场就使用大量的 PET 非织造布。

4. 热性能

纤维的性能与高聚物的热性能有密切的关系。聚酯具有良好的耐热性,软化点为 238～240 ℃,一般工业产品用 PET 的熔点在 255～260 ℃。PET 可在较宽的温度范围内保持其良好的物理机械性能,在 20～80 ℃的温度范围内受温度影响较小,长期使用温度可到 120 ℃,能在 150 ℃使用一段时间。

结晶高聚物的熔融过程也是一个相变过程,但它与低分子物质不同,从开始熔融到完全熔融有一个相当宽的温度范围,一般将最后完全熔融时的温度称为熔点。熔点的高低与晶片的厚度、结晶温度、分子量等有关。结晶温度高,分子量大,熔点也越高。

高聚物的玻璃化温度是指非晶态高聚物从玻璃态到高弹态的转变温度,对晶态高聚物来说,是指其中非晶部分的这种转变。玻璃化温度与熔点的高低相关,但不宜过低,否则熔点会接近使用温度,使产品失去使用价值。

5. PET 的成形加工

PET 的成形加工性能与相对分子质量及其分布、大分子的聚集态结构及聚合物中的杂质含量有关。纺丝用 PET 树脂的相对分子质量通常为 15 000～22 000。相对分子质量低,则熔体黏度下降,纺丝易断头,丝条亦经不起较高速度的拉伸,纤维的强力下降,断裂伸长率上升,耐热性、耐光性、耐化学稳定性差。

当相对分子质量小于 8 000～10 000 时,几乎不具有可纺性。相对分子质量分布对于 PET 纺丝加工性能及非织造布纤网中的纤维结构、性能的影响也很大。

实践证明,平均相对分子质量相同而分布宽的 PET,纺丝时容易产生断头、毛丝和疵点,且经不起拉伸,所得纤维及非织造布的强度低、延伸度高、弹性回复率低、布面粗糙。

PET 的纺丝成形温度必须控制在其熔点和分解温度之间。熔点是聚酯切片的一项重要指标,但是由于纺丝过程中,聚合物熔体是在一定压力下被压出喷丝孔,成为熔体细流并冷却成形,因此,熔体黏度与纺丝成形密切相关。一定特性黏度的 PET 在不同温度下与切变速率存在依赖关系,温度升高,黏度呈指数函数下降;切变速率增大,黏度下降。

影响熔体黏度的因素一般包括温度、压力、高分子聚合度及切变速率等。

6. 聚酯切片的可纺性

切片的可纺性一般通过以下方面加以判断。

(1)筛料的难易:混在切片中的粗大粒子和粉末少,易被过滤而除去,可避免切片在干燥或纺丝时产生堵料、粘壁、熔融不匀等现象,切片的可纺性好。

(2)螺杆的纺丝压力:切片可纺性好,纺丝压力稳定,泵的供应量均衡稳定。正常情况下,螺杆压力波动应小于 0.3 MPa。

(3)纺丝组件或滤前熔体的压力上升速度:由于切片中的凝聚粒子或其他杂质成分较多时,容易堵塞滤网,致使组件内熔体压力上升速度加快,缩短了纺丝组件的使用周期。熔体过滤器更换周期缩短,熔体压力波动,影响质量。

7. 纤维级聚酯切片质量标准(表3-4)

表 3-4　纤维级聚酯切片质量标准

参数	指标
切片形状	表面光滑,呈均匀圆柱体
切片色泽	色泽均一,无发黄,无夹心炭粒或白点
特性黏度(dL/g)	0.63～0.66
熔点(光学片)(℃)	≥250
熔体密度(g/cm³)	1.220(270 ℃),1.117(295 ℃)
分子量分布指数(M_w/M_n)	≤2

参数		指标
二氧化钛含量		1%～1.0%
凝胶粒子（个/mg）	大于 10 μm	≤0.4
	大于 20 μm	无
端羧基（mol/t）		不高于 30
DEG 含量（%）		不高于 1.5
二甘醇（%）		不高于 1.3
灰分（%）（不包括 TiO_2）		不高于 0.025
铁含量（%）		不高于 0.003
色相		L 大于 80，B 小于 7
285～295 ℃熔体停留 15 min 后的特性黏度下降（dl/g）		0.01
切片含水率（%）		小于 0.4
切片包装		包装严密，无破损现象

（三）聚酰胺（PA）

1. 聚酰胺的分子结构

聚酰胺纤维又称尼龙（Nylon），我国商品名为锦纶。聚酰胺纤维是世界上最早投入工业化生产的合成纤维。根据聚酰胺的分子单元结构所含有碳原子数目不同，可以得到不同品种的聚酰胺，如聚酰胺 6（尼龙 6）；根据二元胺和二元酸的碳原子数可以用于不同品种的命名，如尼龙 66，其中前一个数字是二元胺的碳原子数，后一个数字是二元酸的碳原子个数。

一般适合纺丝用的聚己内酰胺的数均分子量在 14 000～20 000 之间，聚己二酰己二胺的相对分子质量一般控制在 20 000～30 000 之间，过高和过低都会给高聚物的加工性能和产品性质带来不利影响。而对于相对分子质量分布的要求，一般聚酰胺 6 的分散指数在 2 左右，聚己二酰己二胺在 1.85 左右。

2. 聚酰胺的性能

（1）密度：聚酰胺的密度随着内部结构和制造条件的不同而有差异，不同晶型的晶态密度、不同的测试方法，其结果都不同。常见的聚酰胺 6、聚酰胺 66 的密度为 1.12～1.16 g/cm³（25 ℃）。

（2）熔点：结晶固体有鲜明的熔点，而无定形固体只有熔融温度范围或软化温度范围，部分结晶的聚合物根据其结晶度，有或宽或窄的熔融范围。聚酰胺是一种部分结晶高聚物，具有较窄的熔融范围。使用的测定方法不同，所得的熔点数值也不同。

用 ASTMD 789—66 方法测试时，常见的聚酰胺 6 熔点为 220 ℃，聚酰胺 66 的熔点为 260 ℃。

（3）吸湿性：由于聚酰胺具有酰胺键结构，因此比其他的成纤高聚物有较高的吸湿性，其吸湿性与环境温度、相对湿度等因素有关。相对湿度越高，吸湿率越大。如聚酰胺 6 相对湿度65％时,吸湿率为(3.5～5.0)％;在相对湿度95％时,吸湿率为(8.0～9.3)％。聚酰胺66在相对湿度65％时,吸湿率为(3.4～3.8)％;在相对湿度95％时,吸湿率为(5.8～6.1)％。

（4）耐化学药品性:聚酰胺的耐碱性能很好,但是耐酸性能较差,通常可溶于有机酸和无机酸,也可溶于苯酚和某些醇中,特别是在高温时更易溶解。聚酰胺在高温下,在有水分存在的条件下容易产生降解,大分子断裂,使制品的物理机械性能下降。

（5）聚酰胺6切片质量指标:见表3-5。

表3-5 聚酰胺6切片的质量指标

参数	指标
相对黏度	2.4～2.6
黏度偏差	±0.2
端氨基(mmol/kg)	不高于35～50
端羟基(mmol/kg)	不高于55～65
可萃取物(％)	不高于0.6
含水率(％)	不高于0.05

3. 聚酰胺6切片的质量对纺丝过程的影响

切片的质量对纺丝、牵伸过程和产品的质量影响主要表现在以下几个方面。

（1）相对分子质量及其分布:用于纺制纤维的聚酰胺6,其平均相对分子质量要有一定的范围。当相对分子质量低于10 000时,纺丝困难,不能获得强韧的纤维和非织造布;但当相对分子质量过高时,熔体黏度太高,流动性差,也会给纺丝和牵伸带来困难。所以要根据产品的不同用途,选用合适相对分子质量的聚酰胺6切片。用于纺制长丝的聚酰胺6的平均相对分子质量一般控制在14 000左右,相当于相对黏度为2.4～2.6。

聚合物的相对分子质量分布对纺丝和牵伸也有一定的影响,分布太宽时,纺丝成形工艺难以控制,纤维质量下降。一般分子量分布窄,可制得强度高的纤维;相反,则只能得到强度低的纤维。一般用于制造非织造布的聚酰胺6的分散指数在2左右。

（2）相对分子质量的稳定性:分子量的稳定性是指聚酰胺6切片在熔融纺丝等过程中分子量的变化程度。变化越大,表示分子量越不稳定。

（3）低分子物含量(可萃取物含量):由己内酰胺单体开环聚合生成聚酰胺6聚合体是一个可逆的平衡反应过程,即在生成聚合物的同时也存在着一定量的单体与其相平衡。聚合体中单体含量的多少与聚合反应温度有关,聚合反应温度的升高,单体含量也增多。

使用这种原料纺丝时,单体挥发量大,产生的烟雾多,容易沾污喷丝板表面,而且易使纤维中的杂质增多和单体在丝条的表面析出,造成在牵伸时产生毛丝或断头增多,熔喷布强度下降。不过纤维中含有少量单体时却能起增塑作用,有利于牵伸的进行。

一般要求控制切片中的可萃取物含量≤0.6％。

（4）含水量:聚合物的含水量超过一定范围,在熔融纺丝过程中会产生水解,使分子量下降,并产生气泡、注头等现象,严重妨碍纺丝的顺利进行,因此,必须对聚酰胺6切片进行干燥处理,除去切片中过多的水分。一般应将聚酰胺 6 的含水率控制在 0.05％ 以下。

聚酰胺常用作双组分纤维中的一个组分原料。

(四) 聚乙烯(PE)

聚乙烯是热塑性聚合物,也可用于生产熔喷法非织造布。聚乙烯按其密度可分为低密度聚乙烯(LDPE)(0.910～0.925 g/cm³),和高密度聚乙烯(HDPE)(0.941～0.965 g/cm³),密度介于两者之间的称为中密度聚乙烯(MDPE),高密度聚乙烯常用作熔体纺丝成网非织造布的原料。

用高压法工艺制造的聚乙烯相对分子质量较低,为 4 万～12 万,具有支链结构,强度低,耐热性差,质地柔软,适合于做薄膜等制品;用低压法制造的聚乙烯没有支链结构,相对分子质量较高,为 2.5 万～100 万,强度及耐热性均较好,适合于制作纤维和非织造布。

聚乙烯的物态与结晶度及相对分子质量有关。一般线型高分子量聚乙烯的平衡熔点为 137 ℃,常用的加工熔点范围为 132～135 ℃,而支化聚乙烯熔点为 112 ℃ 且范围宽。聚乙烯具有优良的耐低温性能,最低使用温度可达 -100～-70 ℃。聚乙烯一般以 -125 ℃ 作为玻璃化转变点。

与所有已知的介电材料相比,聚乙烯的介电常数和介电强度与密度的关系较小,但是与相对分子质量大小有关。浓硫酸、浓硝酸及其他氧化剂会慢慢腐蚀聚乙烯,不能在脂肪烃、芳烃和氯代烃中溶胀,但能够耐 60 ℃ 以下的大多数溶剂。

聚乙烯容易光氧化、热氧化,遇臭氧分解和进行卤化反应,在紫外线的作用下会发生光降解,导致聚乙烯变脆,介电性变差。炭黑对聚乙烯具有光屏蔽作用。聚乙烯受到辐射时会发生许多反应,中等剂量辐照对聚乙烯的低温柔性没有影响;高剂量作用会导致其结晶性消失,损害其低温性能;在更高剂量作用下,聚合物在室温也会发脆。

聚乙烯熔体有弹性材料的特性,当所受应力去除后,表现出一定的弹性回复,在高剪切速率下,熔体会产生熔体破裂的不稳定流动,其表现与不同聚乙烯树脂的物性相关。因此,每种牌号树脂均存在一临界的剪切速率及应力,超过该临界值便会产生不规则流动,同时该现象随挤出速率、压力的增加而加剧。

由于聚乙烯熔融黏度比聚酯、聚酰胺高,弹性大,因而纺丝较困难,纤维线密度不易均匀。为解决此问题,可考虑通过提高纺丝温度来克服。根据其相对分子质量的不同,一般纺丝温度控制在 200～250 ℃。

高密度聚乙烯(HDPE)切片物理性能见表 3-6。

表 3-6　高密度聚乙烯(HDPE)切片物理性能

项目	性能	项目	性能
熔点(℃)	132～135	自燃温度(℃)	550
熔体流动指数(g/10 min)	0.1～2.0	拉伸强度(MPa)	26.5
密度(20 ℃)(g/cm³)	0.94～0.96	断裂伸长率(%)	906
维卡软化点(℃)	127	硬度(Rockwell D)	60～70

(五) 可生物降解聚乳酸(PLA)

聚乳酸是以玉米淀粉为原料,经细菌发酵和化学合成而得到的新型高分子纤维原料。用可生物降解纤维原料制造的非织造布置于自然环境中,会在酶、微生物及酸、碱和水等介质的作用下,会逐渐缓慢分解成为二氧化碳和水,而最终消失。

由于聚乳酸是一种生物可再生原料,其制造过程所产生的温室气体比其他聚合物更少,因此,聚乳酸是一种新型的环保型料,对环境无污染。

1. 聚乳酸的种类

根据聚乳酸的分子结构,常分为左旋聚乳酸(PLLA)、右旋聚乳酸(PDLA)、外消旋聚乳酸(PDLLA)、非旋光性聚乳酸(meso-PLA)等几种,其性能也有差异。由于左旋聚乳酸(PLLA)具有结晶性,熔点较高(175 ℃左右),一般用来纺制纤维和非织造布。

2. 聚乳酸的性能

聚乳酸是一种性能优良的新型生物降解合成高分子材料,有着较好的力学强度[4]。它不仅具有化学惰性和易加工性等特点,更重要的是其具有优良的生物相容性、可降解性和较好的机械和物理性能。聚乳酸以水解的方式降解,水解生成的低聚物在微生物的代谢作用下,最终生成水和二氧化碳,不会对环境造成二次污染。

聚乳酸是多糖或糖发酵生产的热塑性脂族聚酯,相对容易获得,可以从非化石、可再生天然资源如玉米、马铃薯、甜菜等中提取。

聚乳酸为浅黄色或透明的聚合物,是一种热塑性聚合物材料,其性能与聚苯乙烯(PS)和聚酯(PET)相似,可采用常规的熔喷法生产系统生产聚乳酸非织造布。

3. 聚乳酸非织造布的特点

(1) 聚乳酸非织造布在常温下具有良好的耐气候性,强度保持率高;而在土壤、海水或活性污泥中,经历不同时间后即可完全分解为水和二氧化碳,对环境无污染。

此外,其分解产生的二氧化碳通过植物的光合作用又可再次被利用,生成淀粉,是一种没有公害的自然循环型材料。

(2) 聚乳酸废弃物除可在自然环境中分解之外,将其焚烧也没有毒气产生。此外,还可将其用作堆肥,对环境完全无害。

(3) 聚乳酸非织造布具有染色性,其力学性能和加工性能好,可加工成各色各样的制品,应用范围广。

4. 乳酸非织造布产品的应用

聚乳酸非织造布主要用于农业、园艺等方面,可用作种子培植、育秧、防霜及除草用布等。

在医疗卫生方面,可用做手术衣、手术覆盖布、口罩等,也可用作尿布的面料及其他卫生用品,还可制成内部缝合线、药物或者细胞载体、组织支架等产品[5]。

在生活用品方面,可用作擦揩布、厨房用滤水袋、滤渣袋或其他包装材料。

美国 BioVation™[6]公司利用熔喷工艺开发了一系列以 PLA 为原材料的个人护理用品,尤其适用于伤口护理,血液吸收量可达较高水平,每100 cm² 可以吸收 50~60 g 的血液。

PLA 具有很强的可切割性,加工方便。用聚乳酸非织造布代替某些不可分解的通用塑料制品,对减少环境污染有重要的作用。

第二节 熔喷生产技术特征

一、卧式熔喷技术

根据熔喷系统成网装置的特性,可分为卧式熔喷技术、往复式接收成网熔喷技术和立式熔喷技术。

卧式熔喷技术主要包括单辊筒水平接收和网带式水平接收。

单辊筒接收结构简单、体积小、造价低廉,如图3-4所示。

在网带式水平接收中,成网机是生产线中的核心设备,其技术水平对纤网的形成过程、运行的稳定性、产品的均匀性等有很大的影响。网带接收是熔体纺丝成网生产线的主要接收方式。非织造布生产线中的成网机主要由机架、驱动装置、网带、纠偏装置、张紧装置、压辊、网下吸风系统、辅助设施、控制系统等组成。

在SMS生产线的熔喷系统及独立的熔喷系统多采用网带水平接收,如图3-5所示。

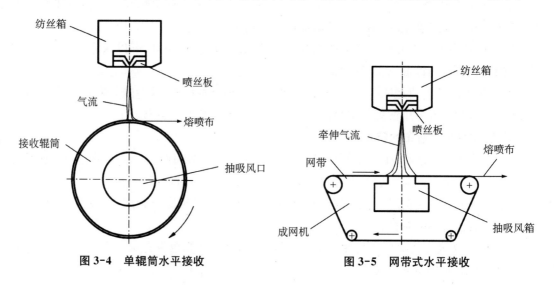

图3-4 单辊筒水平接收   图3-5 网带式水平接收

二、往复式接收成网熔喷技术

对于往复式熔喷系统,通过纺丝箱与接收装置间在幅宽CD方向的往复运动,可用小幅宽规格的喷丝板生产大幅宽的产品。

在这种成网系统中,纺丝箱体的长度方向与水平面呈垂直状态安装,当往复运动机构及接收网带同时运行时,牵伸气流与纤维便以成网宽度(相当于喷丝板的长度)在接收网带上来回"扫描",生产出与往复运动行程相当幅宽的产品。但以这种方法生产的薄形产品均匀度较差,而且往复运动速度快,仅适合生产一些定量较大,需要多层纤网叠合才能制造的产品。

三、立式熔喷技术

在熔喷法非织造布生产中,喷丝板可以水平放置,也可以垂直放置。如水平放置,那么超细纤维喷在辊筒上成网;如果垂直放置,那么纤维落到水平移动的成网帘上凝集成网。

立式熔喷技术主要包括单辊筒垂直接收和网带式垂直接收。

辊筒是小幅宽熔喷系统常用的接收装置,由于采用垂直接收方式时,全部设备都可以直接布置在地面上,无须配置复杂的钢结构及悬挂系统,具有造价低、操作方便等特点。因此,小型熔喷系统大都采用垂直接收方式,如图 3-6 所示。

在独立的熔喷系统中,也有采用网带垂直接收的方式。这时纺丝箱体的长度方向呈水平状态安装(如图 3-7),但这种接收方式较少在连续式熔喷系统使用。

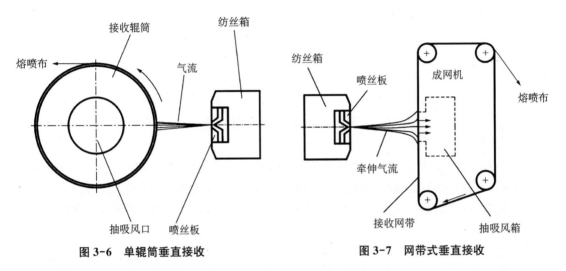

图 3-6 单辊筒垂直接收   图 3-7 网带式垂直接收

第三节 主要机械装置及工作原理

一、上料装置及其工作原理

(一)上料装置的作用及要求

上料装置是向系统提供生产过程所需要的主料(聚合物切片),辅料(色母粒、功能母粒或填充母粒等)的装置。随着原料特性的差异,输送的过程、路径、对输送系统的要求也是不一样的。

如在使用 PP 原料时,可以使用一般的空气,或可暴露在大气环境下输送,而且可直接将原料送至使用地点;而使用 PET 料时,当原料是未经干燥处理的"湿切片"时,可用一般的空气在开放的环境中输送,而在输送已经干燥的"干切片"时,则必须使用含湿量很低的干燥空气、并在封闭的系统内进行。

有时为了使干切片得到有效的保护,避免在输送及存放过程中吸湿、返潮,有的原料还要使用惰性气体进行输送和保护。

对输送系统的基本要求如下。

(1)有足够的输送能力,能保障生产线长时间连续运行。

(2)在输送过程中,物料破损率低、产生粉末少。

（3）有较高的输送效率,输送过程所消耗的动力较少。

（4）容易管理,运行可靠,故障率低,出现故障时容易维护。

（5）对环境影响小,没有强烈的噪声,产生的粉尘不会污染环境。

（二）压送式上料系统及原理

压送式上料系统适宜将集中的物料分送至多个用料点,其加料装置较复杂,输送气流中残留的油、水分会污染原料,对一些已干燥或不能接触空气的原料（如 PET 等）要用干空气,或用惰性气体密闭循环压送。压送式上料系统的输送距离和高度都较大。

1. 压送式上料系统的特点

压送式上料是以空气压缩机或高压风机（如罗茨风机）的压力气流为动力输送物料。

压送式上料具有输送距离远（距离大于百米,高度大于几十米）,送料容量大,送料快速的特点。但动力消耗较大,系统较复杂,其中的一些容器可能是受压容器,管理要求较高。

压送式上料一般以脉冲方式运行,即在送料时,管道内一段是空气,一段是原料,互相间隔,因此也叫做脉冲送料。在 PET 生产线,较多使用脉冲送料。

2. 压送式上料原理

压送式上料系统的工作方式有多种,结构和配置也有差异,在非织造布生产线中,主要使用回转式供料阀的正压输送系统和使用发送罐及气刀阀的正压输送系统,后者的工作过程较为复杂,从降低输送成本的角度看,并不合适。因此,着重介绍使用回转式供料阀的正压输送系统。

如图 3-8 所示,原料投入料斗后,依靠自重流向料斗的出料口,在风机启动后,气流从回转式供料阀的排料口吹过,当回转式供料阀运行至放料位置后,阀内积存的原料便从排料口进入送料管,并随即被气流吹向高位的旋风式分离器,切片依靠重力聚集在分离器的下方,通过排料阀输送到下方的用料点,膨胀降压后的输送气流则通过排气口经除尘器排放至空间。

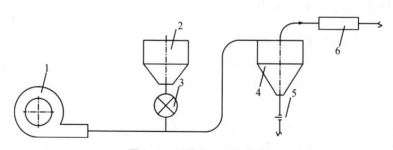

图 3-8　压送式上料流程图
1—风机；2—料斗；3—回转供料阀；4—旋风式分离器；5—排料阀；6—除尘器

而在回转阀排料的同时,还会自动将排料口与料斗隔断,防止压力气流将料斗中的原料向上吹起。回转供料阀每转过一定的角度,就有一部分原料被送走,随着回转阀的不断旋转,便可完成原料的输送工作。

在停止送料时,回转阀先停止供料,风机在将输送管道内存留的全部原料送到分离器后才停机,这样可防止原料堵塞管道,影响下一次送料运行。

在回转阀的作用下,输送过程以一段"栓状"原料、一段压力气流的间隔形式运行,因此也叫"栓状"压力输送。

当输送距离不远(或高差不大)时,可使用高压通风机送料。使用罗茨风机进行正压送料时,输送高度可达 30 m,输送距离可达 300 m。

(三) 负压吸送式上料系统及原理

负压吸送式上料系统的设备简单、料斗可敞开,如使用活动吸料管吸料,吸料嘴能移动,可直接插入大包装规格的原料包装袋内吸料。性能较好的系统可不用吸料嘴,输送过程中无需人工照料。负压吸送式上料系统可连续加料和输送,输送气流中没有其他杂质混入,对环境没有粉尘污染,但输送距离较近。

1. 负压吸送式上料系统的特点

负压吸送料是非织造布生产线最常用的送料方案,旋涡气泵(风机)结构简单,价格低廉,是国产非织造布生产线常用的负压吸料动力,但输送的距离较短;旋片式真空泵或罗茨式真空泵能提供较高的负压,输送距离较远,但结构精密,运行管理要求高,价格也较贵,因此较少使用。

负压送料系统常以旋片式真空泵(图 3-9)或旋涡气泵(图 3-10)所产生的负压为吸料动力。

负压上料一般以料、气混合的连续方式运行,即在管道内充满了空气、原料的混合物。

图 3-9　ZJ 系列旋片式真空泵　　图 3-10　2RB007H222 系列旋涡气泵

2. 负压吸送式上料原理

如图 3-11 所示,原料投入料斗后,依靠自重流向料斗下方的出料口,在旋涡风机启动后产生负压,气流经料斗、出料口和补风阀将原料带往高位吸料罐,并沉积在吸料罐下部,而气流则经过旋风式分离器进入旋涡风机,随后排出至大气。

原料也可利用插入料斗的吸料管吸至高位吸料斗。调节补风阀的开度可以改变混合比来调节输送量。高位吸料斗上的两个传感器用于控制系统的启动(L)与停止(H)。上方的电磁阀 YV 有两个作用:在吸料时保持系统的密封,在停止吸料后使高位吸料罐与大气相连通,气压平衡后,湿切片顺利从下方排料口放出。

在非织造布生产线中,负压输送装置很少以单机的形式使用,而是与三组分装置一起组成一个自动供料及计量、混料系统,而且一般是几个组分共用一台旋涡式气泵便能正常运行。

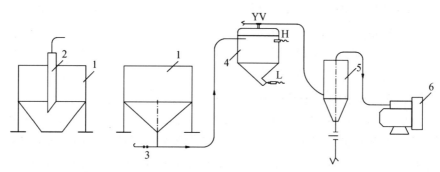

图 3-11 负压输送流程图

1—料斗；2—吸料管；3—补风阀；4—高位吸料罐；5—旋风式分离器；6—旋涡风机

应当注意的是,在熔喷布工艺流程中,需要的空气是清洁的,而空压机有油雾,因此尽量选用罗茨风机而不是空压机。

二、螺杆挤压机及其工作原理

(一)螺杆挤压机的组成

螺杆挤压机是聚合物加工中被广泛使用的基本设备,也是熔喷非织造布生产线中的重要设备。

螺杆挤压机的基本功能是将固态聚合物原料熔融、塑化,输送加压和混合均化,向纺丝系统提供压力稳定、塑化均匀的聚合物熔体。

螺杆挤压机主要由螺杆与套筒,驱动装置,加热和冷却装置,电气控制系统等部分组成。

1. 螺杆与套筒

螺杆与套筒是螺杆挤压机的核心部分,它们构成螺杆挤压机的挤出系统。依靠装在套筒内的螺杆将聚合物向前输送、挤压熔融及混合均化。

挤出系统沿着螺杆长度方向分为三个区段,从入料口到出料端,分别为固体输送区、熔融区和熔体输送区,螺杆也相应于挤出区域设计成进料段、挤压熔融段(压缩段)和计量混合段。三段长度的总和称为螺杆的工作段长度。制造成的螺杆三段几何尺寸是不变的,设计良好的螺杆,各段功能可以较好适应聚合物物料从固态到熔融状态挤出过程中的变化。三段式螺杆设计属常规型,应用较为普遍。

常规型螺杆的螺距相等,而三段螺槽深度是变化的。进料段和计量混合段各自的螺槽深度不变,但两者之间螺槽深度不同(进料段深,计量混合段浅),挤压熔融段的螺槽深度是逐渐变化的(从深到浅)。根据常规型螺杆的结构特点,也可称之为等距不等深型。

(1)进料段:进料段的作用是输送固态(粒状或粉状)的聚合物原料,将其送往挤压熔融段。物料在这个区段被预热、升温,并向前输送。

(2)挤压熔融段:挤压熔融段的螺槽容积是逐渐减少的。因此,物料在行进过程中被强烈压缩。在挤压熔融段,物料除了受到螺杆的强烈剪切和压缩而发热升温外,还会被加热系统传导的热量升温,在加热升温的过程中逐步熔融成黏流态液体,到了挤压熔融段的后部已基本熔融。

（3）计量混合段：计量混合段也叫均化段，其作用是使已经熔融的物料在一定的背压下均匀输出，在剪切和混合作用下，有利于熔体的进一步均化。

螺杆的各段长度分配比例主要与物料的特性、挤压机工作的稳定性以及挤压机产量有关，国内外研究文献对于螺杆分段比例已有成熟的经验数据，读者可查阅相关螺杆专业书籍了解。

螺杆和套筒的材料主要选用氮化钢（38CrMoAlA），经过氮化处理，螺杆和套筒表面硬度较高，具有很好的耐磨性，同时材料的耐热性也较好。

2. 驱动装置

驱动装置主要包括驱动电动机、传动带、减速机等。由于螺杆的工作转速远低于驱动电动机的转速，而又需要较大的力矩驱动，因此，利用传动装置来降低转动速度、增大力矩。

螺杆挤压机的驱动装置应具备的条件：驱动电动机的特性与挤压机的工作特性相适应，可实现无级调速，具备减速功能，成本低、可靠性高。

在非织造布生产线中，螺杆挤压机的减速机与驱动电动机间普遍采用 V 形传动带降速传动。减速机不仅为螺杆提供足够的驱动力矩，而且还要承受螺杆在运行时产生的强大轴向推力，对螺杆挤压机的安全运行有重大影响。

交流异步电动机是目前最为普遍使用的驱动电动机，通过变频调速装置改变电动机输出转速，进而实现对螺杆挤压机转速的调节。这种驱动方式具有结构简单，性能可靠，价格低廉，运行管理费用低等特点。在一些调速范围特别宽的场合，目前仍然以直流电动机作为驱动电动机。

螺杆挤压机的减速机是驱动装置中非常重要的部分，它主要实现减速功能，直接驱动螺杆转动。目前，螺杆挤压机普遍采用卧式减速机，二级齿轮减速传动的形式，其传动比恒定，工作可靠，结构紧凑，便于制造、装配和润滑。螺杆挤压机在工作时会产生强大的轴向力，因此，减速机输出轴均专门配置大规格推力轴承来承受轴向力。减速机输出轴一般设计成空心轴形式，以便从其后端装入螺杆拆卸工具。

3. 加热、冷却装置

在外部提供的热量作用下，螺杆挤压机中的物料被加热升温，从固态被加工成熔融状态。螺杆挤压机加热、冷却装置的作用，是向物料提供所需热量，并通过温度控制系统对加热温度进行控制调节。

（1）加热装置：螺杆挤压机的加热装置指装在套筒上的加热器，其工作要求是，产生的热量能迅速使被加热的物料升温，并且可随时调节加热温度。由于螺杆挤压机属长期连续生产设备，故要求加热器的使用寿命能适应设备生产状态。

现在，螺杆挤压机上配置的加热器主要是铸铝加热器和陶瓷加热器，它们的发热体均属电阻加热元件型式。目前还开发了螺杆套筒的远红外加热技术，具有升温速度快、热量散失少的优点。另外还推广电感应加热技术，这种技术将常用的工频（50/60 Hz）电流转换为 20～40 kHz 的高频电流，利用高频电流在套筒产生的涡流使套筒直接发热。这种感应加热方法比传统电阻加热方式节能 40%～60%，由于加热元件本身不发热，散发的热量仅为传统方式的 10% 左右，而且升温速度很快，升温时间比传统方法少 30% 以上。

装在螺杆挤压机套筒上的加热装置一般均采取分区方式排布,每个加热区装有一套温度传感器,并相应在温度控制系统中配置一套温控回路。

加热区的数量和划分与螺杆直径和长径比有关,螺杆直径越大,加热区数越多,分区的数量与套筒的长度有关,一般分区数为5～7个。各加热区加热器功率匹配应满足物料在螺杆挤压机各区段温度、热量要求。目前,进口和国产的各种规格螺杆挤压机配置的加热分区数相似,但配置功率值有较大差异。一般进口设备的总功率较大。

由于加热器在向物料提供热量的同时,也会向周围空气内散热,为保持良好的加热效果,螺杆挤压机加热区均配备有保温罩壳。

(2)螺杆套筒冷却装置:螺杆挤压机冷却装置的作用,是保证物料在合适的温度范围内,使塑化过程能顺利进行。冷却装置有风冷和水冷两种形式,利用冷却介质(空气,水)将螺杆旋转时产生的剪切热和摩擦热量带走。

在螺杆挤压机的入料口,一般均配置水冷却装置,其主要目的是使物料在螺杆进料段不过早出现局部熔化粘连,阻碍物料向前输送和进一步熔融,产生"环结"问题。同时,可以起到一定的阻隔加热器热量向减速箱传导的作用。进料口水冷却装置一般制成焊接或铸铁水套形式装在进料口处,长度为3～6D(D为螺杆直径)。冷却水来源于生产线工艺冷却水循环系统。安装设备时,在螺杆挤压机冷却水套进出水管口加装阀门和流量表,使冷却水流量可调。

风冷形式主要用于挤出热敏感性较强物料的场合,其实现方式一般是在机筒下端安装吹风机。在从国外引进的,以PP为原料的熔喷非织造布生产线中,配套的螺杆挤压机上均配备风冷装置。

(3)减速机冷却装置:减速机内的齿轮、轴承在运行过程中,由于摩擦而产生热量,使减速机的温度升高,过高的温度会影响润滑效果,影响设备的安全运行。因此,减速机设置了冷却装置。

除了利用减速机的箱体向环境散发部分热量外,还利用润滑油将运行过程中产生的热量带走。因此,只要控制油温便可以控制减速机的温升。

常用的润滑油冷却方式有两种,都是水冷式。

一种是利用浸没在减速机油池中的水冷却管,将润滑油的热量带走,使润滑油冷却、降温。为了增加热交换面积和提高环热效率,水冷却管常为蛇形的紫铜管。

另一种是利用由减速机传动轴带动的油泵,将润滑油从减速机的油池中抽出,强制送往减速机外附的专用润滑油冷却器内,通过与冷却水的热交换,将润滑油冷却、降温,然后送回减速机的各个润滑点或返回减速机内。

4. 螺杆挤压机的电气控制系统

螺杆挤压机的电气控制系统是保证设备正常稳定运行的重要系统。螺杆挤压机的电气控制系统的功能主要包括速度控制、温度控制和压力控制。

(1)速度控制系统:用于调节螺杆挤压机的转速。依据驱动电动机的类型使用不同的控制方法。采用直流电动机时,一般是使用改变电枢电压的方法;采用交流异步电动机时,一般都是使用改变电动机电源频率的方法。两种方式都属恒转矩调速。

正常运行时,螺杆挤压机的转速受系统自动控制,而在启动或停机阶段,则可手动控制。

(2)温度控制系统:温度控制系统的作用是控制和调节加热器输出的热量,从而控制挤压机的工作温度。其组成部分包括各加热区温度传感器、温控仪表等。通过温度控制系统的控制,在加热初始阶段,加热器功率100%投入,使温度迅速上升;随着加热温度的上升,加热器功率投入比例开始递减,当温度接近或达到设定工艺温度时,加热器功率投入比例大幅降低,温度控制器对加热温度进行整定,最终使螺杆各加热区温度保持在预先设定的工艺温度值。设计良好的温度控制系统,整定时间较短,无温度"过冲"现象,温度控制精度较高。

由于受相邻加热区及熔体流动的影响,如果套筒加热系统没有配置冷却装置,很容易出现温度失控现象,即使加热器停止工作,相应区域的实际温度仍会比设定的温度更高。

(3)压力控制系统:熔体压力是由于螺杆转动而产生的,是螺杆挤压机的一个重要性能指标,保持螺杆挤压机输出的熔体压力稳定是压力控制系统的主要任务,也是螺杆挤压机安全运行的保障。螺杆挤压机的压力控制系统由压力传感器、压力变送器及压力-转速调节装置等组成。

在螺杆挤压机处于自动运行状态时,压力控制系统与转速控制系统形成一个闭环控制系统。在设备投入运行的开始阶段,螺杆转速是通过手动调节来控制的,当螺杆运行到工艺转速并基本稳定时,压力控制系统投入工作,设备进入压力-转速自动控制运行状态。螺杆转速与输出的熔体压力相互关联、相互影响,当熔体的压力发生变化时,螺杆转速要自动调节,使熔体压力回归设定值。

螺杆挤压机的压力控制系统就是通过压力-转速闭环,动态调节螺杆的转速来使熔体压力保持稳定。一般将熔体过滤器后方的熔体压力作为设定值,常称"滤后压力"或"控制压力"。

(二)螺杆挤压机的工作原理

固态原料从加料口进入到挤压机的进料段后,随着螺杆转动被向前推送。在此过程中,通过加热装置提供的热能、螺杆本身在转动过程中产生的剪切热,以及由于螺杆螺槽容积的变化,使原料不断被挤压,并相互产生强烈的摩擦而带来的升温,使原料由最初的固态(玻璃态)转变为高弹态,到最终熔融成为黏流态的聚合物熔体。在螺杆的推力作用下,以一定的压力从机头处挤出。

三、熔体过滤装置及其工作原理

在熔喷非织造布生产线中,熔体过滤装置是利用滤网或滤芯将熔体中的杂质滤除,为正常纺丝提供干净的熔体,保护系统中纺丝泵的安全,延长纺丝组件的使用周期。

熔体过滤装置主要依靠滤网或滤芯孔隙的大小来阻隔杂质通过,其过滤原理为机械阻挡。

每种形式的过滤器都有其优缺点和适用的场合。随着生产线的高速化、大型化,要求熔体过滤器具有良好的过滤性能、较长的使用周期、较小的换网压力波动、较低的运行费用等特性。

(一)熔体过滤器

熔喷非织造布生产线一般使用双滑板式或双柱塞式熔体过滤器。

　　双滑板式或双柱塞式熔体过滤器都有两个滤网,仅是承载滤网的载体有所不同,前者是矩形滑板,后者是圆柱体。每一个滤网都能在短时间内通过额定流量的熔体。

　　双滑板式熔体过滤器都是由一个主体和两个可以在主体内沿导轨滑动的矩形滑板组成。滑板的一侧加工有放置滤网的沉槽,而滑板的沉槽背面均布有许多可供熔体流过的小孔道,用于承受工作压力和让熔体流通。

　　双柱塞式熔体过滤器(图3-12)都是由一个主体和两个可以在主体内滑动的圆形柱塞组成。柱塞上加工有放置滤网的沉槽及通孔,滤网的背面是一块加工有许多小孔的承压板,用于承受工作压力和让熔体流通。

图3-12　双柱塞式熔体过滤器

　　主体上有熔体进口和出口,进口和出口都在主体内分叉成两个分支流道,分别通向两个滤网沉槽的前面和后面。滤网处于工作位置时,槽底小孔与主体上的进、出口相贯通。

　　在正常工作状态,两片滤网均处于与主体两分支流道相连通的位置上。熔体经主体的进口分别流向两个滤网片,杂质被滤网阻挡而停留在滤网上,过滤后的干净熔体通过两个支流道汇合后经出口排出。当过滤器运行一定时间后,滤网逐渐被杂质堵塞,通过能力下降、流量减小,网前压力升高,当压力超过设定值后就要更换过滤网。

　　如图3-13所示,双柱塞式熔体过滤器工作时,上方的柱塞往左运动,与前、后的熔体通道隔离,退出运行,滤网被带出,以便将已被污物堵塞的脏滤网更换出来,此时熔体从下方的滤网通过,维持系统正常运行;在上方的柱塞往右回到工作位置后,新滤网投入运行,这时下方的滤网往左退出,并在更换新网后重新投入运行,此时两个滤网均有熔体通过。

　　在实际生产过程中,双柱塞式熔体过滤器不存在换网时断条以及磨损引起的泄漏问题。但在更换滤网时,为了防止排气口冒料,需对主机产量进行调整。也就是在换网时,降低主机产量,待两个滤网依次更换完成后,再重新提高主机产量,实现正常生产[7]。

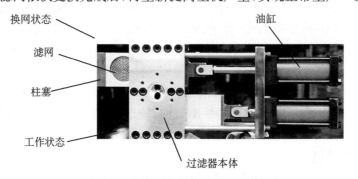

图3-13　双柱塞式熔体过滤器工作原理图

（二）工作压力（MPa）

熔体过滤器的工作压力应低于设计工作压力，在正常工作压力下，应有良好的密封性、无熔体渗漏现象。当熔体过滤器的工作压力偏低时，容易在工作时出现微量的连续泄漏，而在换网时容易发生熔体"涌流"（即在柱塞/滑板即将完全退出、系统的压力升至最高时，有大量熔体涌出）现象，一旦发生涌流，将马上导致生产线停机，造成重大损失。

熔喷系统的压力较低，但熔体过滤器的工作压力不得低于螺杆挤压机正常运行的最高压力，一般在 10～16 MPa。滑板式过滤器的工作压力较低，柱塞式过滤器的工作压力较高，前者在 10 MPa 左右，后者可达 20 MPa。

过滤阻力主要是由熔体通道及过滤网产生的。过滤阻力的存在，会在过滤器的出入口间产生压力降，随着滤网上脏物的积聚量增加，导致螺杆挤压机的出料头熔体压力随之上升，使熔体过滤器的压力也升高；压力降太大还会造成换网困难，螺杆容易发生超压自停。

压力降的大小是判断是否需要更换滤网的根据，也是设定换滤网提示报警点的依据。在熔喷系统中，当压力降增大至 1～2 MPa 时，就要换网。

（三）工作温度（℃）

工作温度是一个保证过滤器能正常运行的基础条件，熔体过滤器的工作温度要高于系统工作时的最高温度，而工作温度的高低会直接影响过滤器的过滤能力。熔体过滤器的最高工作温度与系统所用纺丝工艺、原料品种有关。

在熔喷系统中，过滤器的工作温度大于 320 ℃。熔体过滤器的工作温度设定值基本上与螺杆挤压机的出料段温度，或熔体管道的温度相同或相近。当熔体过滤器的实际温度高于设计工作温度时，有泄漏量增加的趋势。

（四）通过能力（kg/h）

熔体过滤器的通过能力要与螺杆挤压机的实际最大挤出量相对应。

熔体过滤器的通过能力与过滤精度、有效过滤面积、熔体的黏度（或温度）有关。

（五）过滤精度（μm）

熔体过滤器的过滤精度是由纺丝组件的喷丝孔孔径大小决定的，孔径越细，要求的过滤精度也越高。一般按不大于喷丝孔直径的十分之一来确定滤网的过滤精度。

过滤器所能达到的过滤精度与结构有关，但主要是由滤网（或过滤元件）的结构（性能）决定的。也就是说，过滤精度直接与所选用的滤网有关，而过滤精度又对过滤器的通过能力有较大的影响。一般的熔喷系统，过滤精度不大于 25 μm 或更小。

（六）过滤元件（或滤网）的性能

熔体过滤器的滤网形状有圆形、长圆形、方形等，其中以圆形滤网最常用。

一般都使用多层组合式滤网，从熔体进入滤网的方向开始，过滤精度逐层提高，中间位置的滤网为主要滤网，决定了最终的过滤精度，而其后的滤网仅起支撑作用，在安装使用时，应将过滤精度最低的一层滤网作为过滤后熔体流出的位置。这种结构使滤网有较大的纳污能力，可延长滤网的使用时间。

滤网均使用不锈钢材料（如 0Cr18Ni9，SUS304，SUS302 等）制造，其规格用过滤能力（μm）表示，要求有足够的强度和刚性，能在较高的熔体压力下不被击穿、正常工作。

图 3-14 所示为普通滤网与带铝包边滤网。带铝包边的滤网刚性较好,编织滤网的金属丝不会散乱脱落,但其包边的密封作用不大。滤网的规格应用过滤能力表示更为准确,因网孔的大小与编织滤网的金属丝直径有关,如按习惯仍用"目数"表示,则在目数相同的情形下,随着金属丝直径的不同,过滤精度会有较大差异。

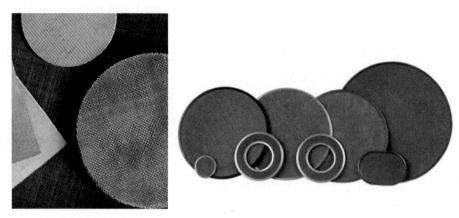

图 3-14   普通滤网与带铝包边滤网

(七) 过滤器的结构

熔体过滤器在结构设计中应综合考虑以下几个方面。

1. 不能有残留熔体的死角

在熔体通道中,应没有残留熔体的死角,死角的存在将导致这些部位的残留熔体发生降解,影响纺丝;将导致转换产品颜色的时间增长,增加了调试品的数量。

2. 切换时应使熔体压力变化小

切换时应使熔体压力变化小,熔体损耗少。过滤器滤网座的前后熔体通道中不可避免地存在一些空间,在切换滤网时,在这个空间内存留的熔体有可能流失掉,而当新滤网回到工作位置时,过滤器前、后两个方向主流道的熔体会来填充这个空间,使熔体压力下降,造成系统压力波动。显然,这个空间越小,或流失的熔体越少,换网时产生的压力波动也越小。

由于柱塞式过滤器的上、下两只柱塞的熔体通道方向不一样,要求在更换柱塞式过滤器上、下的两只滤网时,其压力波动不会产生明显的差异。

换网时流失的熔体不仅增加了损耗、增加了生产成本,而且还会增加换网的难度,因此,流失的熔体越少越好。

3. 应具有自动排气功能

过滤器应具有自动排气功能,能自动排放进入熔体通道中的空气,这一功能对柱塞式过滤器尤为重要。

当熔体中混有空气时,容易发生断丝现象,并会形成熔体喷溅隐患,影响换网操作安全。

在每一柱塞滤网座上方及背后的熔体出口通道上方加上排气槽是常见的方法。

4. 对支撑装置的要求

熔体过滤器的支撑装置应不约束系统在温度变化时的热胀冷缩运动,也不能成为传导、散发热量的"热桥"。熔体过滤器的支撑装置一般设计成活动型,既可以沿螺杆挤出机的轴线方向移动,又能调节其高度,使管道的中心线标高与上、下游设备匹配。

四、计量泵及其工作原理

计量泵的作用是精确计量,控制产量和纤维的细度,均匀而连续地输送纺丝熔体,并在喷丝头组件内产生预定的压力,保证纺丝流体通过滤层并以精确的流量从喷丝孔中喷出[8]。这一环节是生产熔喷布的关键,决定熔喷布的品质。

计量泵是纺丝过程中的高精度部件,我国已有系列产品,产品的型号由下式表示:

$$JRG—1.2 \times 2$$

J 表示计量泵;R 表示熔纺,另有 N 表示粘胶,S 表示腈纶,Y 表示维纶;G 表示高压泵;数字 1.2 表示公称流量,即每转的流量为 1.2 mL;2 表示叠泵。

(一) 计量泵的结构与工作原理

计量泵为外啮合齿轮泵,它由 1 对相等齿数的齿轮、3 块泵板、2 根轴和 1 副联轴器以及若干螺栓组成(见图 3-15)。

计量泵工作时,传动轴插在联轴器的槽中,带动主动轴转动,从而使一对齿轮在中泵板的"8"形孔中运行。泵的密封是靠泵板与高精度平面相密合,并由沉头螺钉固紧而连成一体。联轴器及其端盖是由内六角螺钉固定在上泵板上,整个泵体由 4 个(或 6 个)螺栓固定在泵座上。

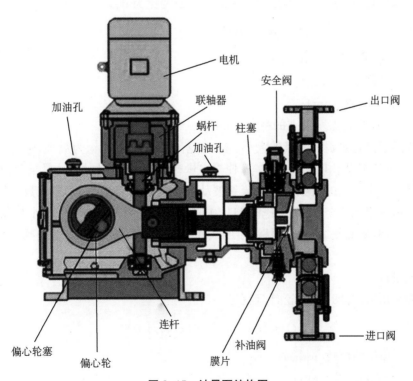

图 3-15 计量泵结构图

齿轮泵是一种容积泵,在齿轮啮合处两边分成压出腔和吸入腔。随齿轮旋转,吸入腔的流体填加到齿谷中被带走,吸入腔压力减小,流体不断进入。齿谷间的熔体在齿轮的带动下紧贴着"8"字孔的内壁回转近 1 周后送至压出腔,而压出腔由于齿谷中的流体不断地加入,压力增加,而将流体排出(见图 3-16)。

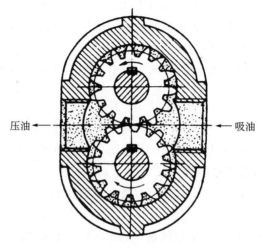

图 3-16　齿轮泵工作图

(二) 计量泵流量与转速

当一对齿轮转过 $\mathrm{d}\theta$ 角度时,压出腔瞬时容积的变化为 $\mathrm{d}q$,

$$\mathrm{d}q = b(r_a^2 - r_b^2 - u^2)\mathrm{d}\theta \tag{3-9}$$

式中: r_a ——齿顶圆半径(mm);

$\quad r_b$ ——节圆半径(mm);

$\quad b$ ——齿轮宽度(mm);

$\quad u$ ——轮齿啮合点至节点的距离(mm)。

上式描述了齿轮泵瞬时流量的大小。一对轮齿刚刚啮合时 u 为最大,啮合点与节点重合时 $u=0$。每对轮齿由啮合到分离,就使输出量产生一个变化周期,计量泵转动 1 周,流量波动次数等于 1 个齿轮的齿数。减少流量波动的办法是选取小模数、多齿数的齿轮。也可以采用 3 个齿轮组成 2 个"小泵",1 个出口,中间主动齿轮为奇数,使 2 个"小泵"的流量脉动刚好差半个周期,从而使 2 个"小泵"流量曲线的波峰与波谷相互抵消,达到减少总流量脉动的目的。

泵的流量计算:

齿轮泵采用标准渐开线齿轮时,则有:

$$Q = 2\pi m^2 b(z + 0.274)/1\,000 \tag{3-10}$$

式中: m ——齿轮的模数(mm);

$\quad b$ ——齿轮的宽度(mm);

$\quad z$ ——齿轮齿数;

$\quad Q$ ——计量泵的体积排量,也称为泵容积(cm³)。

改变齿轮宽度是调节输出量的常用方法，不同的齿轮宽度输出量不同。根据所纺纤维的品种、规格和纺速，可计算出纺丝机的产量，进而确定单位时间的流量，可根据工作转速选择泵的规格。

计量泵的转速范围一般在 10～40 r/min，这是因为计量泵所输送的液体黏度很高，流动阻力较大，如果转速过高，液体不能及时充满齿谷，形成空蚀现象，泵就会失去计量作用，也会加剧泵的磨损，缩短其寿命。但转速过低，又会增加泵的回流量，降低泵的效率。

五、模头及其工作原理

在熔喷机械装备中，模头是熔喷布设备中最关键的部件，是实现高聚物成型的核心组件之一，其设计和精度直接影响拉丝的长度、均匀性、韧性、细度等，从而影响熔喷布的质量。

模头包括模头主体、喷丝板和气板，喷丝板和气板可拆卸地安装在模头主体内，喷丝板内设置有一个喷丝孔，喷丝板和气板之间有若干个夹缝槽，模头主体内还开设有若干个气体流通通道，气体流通通道与夹缝槽相连通，模头主体的外壁上设置有气管连接端头，气管连接端头通过输气管与气体集流腔相连通，喷丝板的喷丝孔的一端有间隔稳流件，喷丝孔的另一端有管道连接装置，喷丝孔通过管道连接装置与螺杆挤压机的出料口相连(图 3-17)。

模头的主要功能是分配熔体并提供符合纺丝工艺要求的纺丝压力和纺丝温度。模头技术特点是衣架式流道。

在"大板线"(即一个熔喷系统只用一块大喷丝板的生产线)中的纺丝箱熔体分配通道较多采用"衣架"式结构。通道由两部分组成，最上方为"衣架"状的主流道，"衣架"状流道的形状与箱体的中央位置相对称，并扩展到两端的最宽位置，同时逐渐下垂，其横截面尺寸则随着离中央位置渐远而变小；另一部分为垂直的扁平狭缝，狭缝的宽度保持一致，但高度则由中部最高而向两端圆滑地变低。

熔体分配流道的这种结构，可以保证熔体经箱体内部的通道到达喷丝板上不同喷丝孔的停留时间、压力损失基本一致。喷丝板孔径和密度的不同会对速度分布有明显影响[9]。

在同一个纺丝箱内，可以有多个分配熔体的小"衣架"，每个小"衣架"又与独立的熔体供应管道相连。纺丝箱体内"衣架"尺寸的大小、数量与产品的幅宽、纺丝泵的数量相关。幅宽越大，"衣架"的尺寸也越大；或纺丝泵的数量越多，"衣架"的数量也越多。而在同样幅宽条件下，箱体的高度与"衣架"的数量有关。数量越少，则箱体也越高。

衣架型流道的纺丝箱体采用两半块的对称结构，用高强度螺栓将其连接在一起。在仅有一个纺丝泵的纺丝箱体中，由于"衣架"的高度大，箱体的高度也较大。

当采用"衣架"式熔体流道时，纺丝箱体一般都是由结构基本上对称的两块耐热合金钢构件用高强度螺栓连接而成；其相互接合面间的凹下部位便构成熔体分配通道，所有的熔体分配通道都经过抛光处理，其粗糙度 Ra 为 $0.01～0.03~\mu m$，以减少流动阻力和熔体黏附；而经精密加工的平面位置则构成了密封面。

模腔采用特殊热气流加热装置，具有很好的加热效率及热交换效率，能量消耗低。独特的风槽结构设计，气压稳定，两侧气流对称，幅宽方向气流均匀。气隙实时可调，调节方便。1 600 mm 的模头有 52 个加热点，26 个控温点，可实现智能控温，一键启动，一键保温。

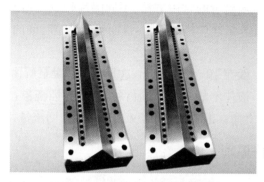

图 3-17　熔喷法非织造布用模头

六、成网装置及其工作原理

接收成网装置（成网机）的主要功能是接收熔喷系统生成的纤维，并在接收网带上形成均匀的纤网。网带是熔喷布生产过程中纤维网的接收载体，成网机的性能对经冷却、牵伸后纤维的铺网过程、成网均匀度、产品质量、生产线运行速度、运行稳定性等有重要的影响。

纤维经过牵伸后，即随气流高速落在接收成网设备的网面上，接收成网的主要功能是使纤维按预期的分布规律在接收成网设备网面上定位、传输，并防止冷却、牵伸气流、环境气流对已成网的熔喷布纤网发生干扰。成网装置配置各种风机，用于吸收冷却、牵伸气流及控制环境气流。

大部分连续式熔喷法非织造布生产线都是以网带为接收载体，也有一些熔喷法非织造布生产线采用滚筒作为接收纤网载体。

接收成网是非织造布生产过程中的一个非常重要的工艺过程，对成网可行性、纤网均匀度、产品在不同方向的物理力学性能差异、运行稳定性、产品手感等都有重要影响。

在采用网带接收时，熔喷法非织造布生产线成网设备的主体结构主要由机架、驱动装置、成网带、纠偏装置、DCD调节机构、离线运动机构等组成。

（一）机架

机架是接收成网其他功能设备安装的基础。目前机架有两种典型的结构形式，即墙板式机架和框架式机架。此外，还有混合式机架，即与纺丝系统对应的位置为墙板式，纺丝系统之间则采用框架式结构。

1. 墙板式机架

墙板式机架的侧板是由两块厚钢板（厚度可达 40 mm）制成，侧板间多由管型的杆件间隔支撑，整体性较强，结构及外形紧凑，接收成网的传动部件和其他功能部件直接安装在墙板上。

机架可分成驱动（末）段、成网段、中间段、调整（首）段多种模块式结构，在使用上有很大的灵活性和互换性，便于接收成网功能的组合和扩展，适宜用于单纺丝系统及多纺丝系统的生产线。

2. 框架式机架

框架式机架全部由型钢（较多用方型管）构件组成，结构较为简单，单件重量小，有很宽的安装空间，能大量使用标准的传动件（如轴承座）。但安装后的调整工作量较大，当纺丝系统较多时,积累误差较大,在现场难以使用常规的手段对安装质量进行检测。

框架式结构的接收成网设备较容易制造、安装及维修,容易变更或调整安装位置或增减设备数量,特别适宜用于大型的、有多个纺丝系统的生产线。但这种结构的接收成网设备有大量运动机构外露,需要加装防护网来改善防护性能。

(二) 网带的驱动装置

1. 驱动电动机

根据工艺要求,成网机网带的线速度是进行产品定量计算的基础数据,也是生产线中其他设备(如卷绕机)的速度基准。因此对调速精度的要求最高。应能在运行过程平稳调整速度,并有较高的调速精度,一般要求调速精度要达到$\pm(0.1\sim0.2)\%$。

成网机普遍使用带编码器的交流变频调速异步电动机驱动,并用交流变频技术连续、平滑地调整速度。由于大部分的减速机输入轴的最高转速都在 1 500 r/min 左右,这种配置可使减速机有较高的传动效率。如转速太高,减速机会出现异常温升,影响使用。

单个纺丝系统生产线的接收成网设备额定运行速度一般在 $100\sim200$ m/min 之间,当生产较大定量时,其速度仅有 $10\sim20$ m/min。有两个纺丝系统的额定运行速度一般在 $200\sim300$ m/min。多纺丝位系统的额定运行速度一般在 300 m/min 以上。引进生产线的运行速度普遍高于国产设备。

为了使接收成网装置在低速状态下也能安全运行,驱动电动机要使用带有独立冷却风机的变频调速专用电动机,避免电动机出现异常的温升。当调速范围较宽时,为了保证在低频状态下电动机还能输出稳定的转矩,在设计时可以适当加大电动机功率。目前,仍有相当数量的成网机使用直流电动机作为驱动电动机。

2. 减速器与传动装置

驱动电动机常通过减速器减速后,再带动成网机的主动辊运转。网带驱动装置与接收成网主动辊常采用同轴驱动。

该驱动装置作为一个独立的单元,与成网机分开安装,既可以选择安装在接收成网设备内部的合适位置,也可以安装在接收成网设备的外侧,如图 3-18 所示。

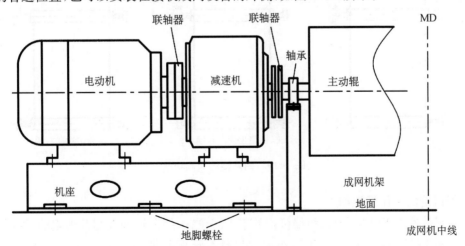

图 3-18 直连型网带同轴驱动装置

由于大型的接收成网设备驱动功率都较大,速度也很高,传动系统的减速比较小,常在驱动装置与主动辊间采用同轴传动,选择能补偿较大轴线偏差的联轴器。在大功率传动中,可选用弹性联轴器或轮胎联轴器。

为了适配传动比及设备中心高,并避免驱动装置的震动影响接收成网设备工作,驱动装置的输出轴与主动辊之间也可采用如滚子链条、齿形同步带等能准确保证传动比的挠性传动件连接。

(三) 网带纠偏装置

网带纠偏装置是成网机中的一个重要机构,对网带的正常、平稳运行有关键性的作用。

由于网带是一种柔性传动件,不能采用强制限位的方法来保持其在规定的位置运行,为了防止在运转期间发生走偏而损坏,成网机需要装设网带走偏检测及越限报警装置,以便自动纠正其偏移,并在出现意外时停止成网机的运转。

网带位置检测装置有机械接触式(如挡板式、触杆式、触须式)、光电非接触式、射流式等形式的传感器。由于被检测的对象是网带两侧边缘,为了避免因网带边缘的局部缺陷或其他干扰而导致系统错误动作,纠偏系统要有一定的延时功能来过滤这些虚假的走偏信号。

常见的纠偏执行机构都是利用移动纠偏辊来使网带回复到正常的位置,按所使用的动力来分有电动式、气动(缸)式、气囊式、液压式等。纠偏装置的性能(如反应速度、纠偏能力、行程等)要与成网机的运行状态相适应,网带的运行速度越高,对纠偏装置的性能要求也越高。图 3-19 所示为纠偏辊的纠偏功能示意图。

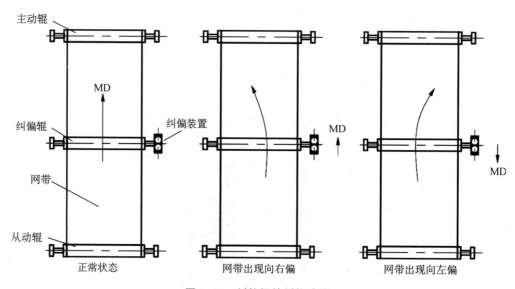

图 3-19 纠偏辊的纠偏功能

纠偏机构的工作过程如下。

(1) 网带处于正常状态时:纠偏机构处于中间位置,纠偏辊轴线与其他辊的轴线保持平行状态,网带所受的轴向分力为 0,纠偏辊仅具有承托网带的作用,运行方向保持与轴线垂直。

（2）网带在运行过程中向右偏移：纠偏机构在得到网带向右偏移的信息后，纠偏机构向上方运动，纠偏辊轴线绕支点回转，与原来的轴线呈一倾角 α，网带在运行中会受到一个由摩擦力产生的轴向分力作用，力的方向刚好与走偏方向相反，而力的大小则与 $\sin \alpha$ 成正比，网带就在这个力的作用下向左移动，恢复到正常位置。

（3）网带在运行过程中向左偏移：纠偏机构在得到网带向左偏移的信息后，纠偏机构向下方运动，纠偏辊轴线绕支点回转，与原来的轴线呈一倾角，网带在运行中会受到一个由摩擦力产生的轴向分力作用，力的方向刚好与走偏方向相反，即指向右方，而力的大小则与 $\sin \alpha$ 成正比，网带就在这个力的作用下向右移动，恢复到正常位置。

一般的网带纠偏装置（如以气缸为动力的纠偏机构）只是对网带的走偏作出极限式反应，而不能对发生走偏的变化速率进行调整。即只要一旦出现走偏，不管其走偏量的大小，网带纠偏装置都会有所反应，并以一样的速度动作，甚至会停留在纠偏能力最大的极限位置，直至网带回复到正常位置后才返回中间状态。

网带纠偏装置以这种方式（就是"位式"控制）运行时，如调整不当，或纠偏装置的移动速度与网带的线速度不匹配，网带的纠偏运动会出现明显的滞后。从而有可能导致纠偏机构不断来回往复运动，增加了网带纠偏装置的动作频率和幅度，使网带在运行中出现频繁的左右蠕动，很容易受网带局部的缺口、边缘弯曲干扰而产生错误动作。

由于网带纠偏装置以固定的移动速度来实现纠偏功能，当网带的运行速度提高以后，纠偏装置的反应速度就无法满足要求。因为当网带出现较大幅度的偏移时，如不能很快将其偏移趋势抑制住，当网带的下一个循环来到后，网带将可能出现超极限的偏移而无法正常工作。

为了避免这种情况出现，在一些高速接收成网设备中，纠偏装置能根据检测出的网带偏移速率自动调整纠偏速度。正常情况下，纠偏装置以较慢的速度和较小的幅度对网带的偏移做出反应，当网带仍有偏移趋势时，纠偏装置便以更大的幅度来纠正偏移，使其恢复到正常位置。而当偏移速率较大时，纠偏装置会以较快的速度和更大的幅度对网带的偏移做出反应，以较大、较快的动作使网带恢复到正常位置。

在这个近似"比例控制"的系统里，以 PLC 为控制核心，并使用了变频调速的多段速度控制技术，能使接收成网设备在高速状态下，以较小的偏移量平稳地运行。一个良好的纠偏机构应具备可在行程范围内的任意位置定位的功能。

在接收成网设备运行时，导致网带走偏的力主要包括：

（1）由设计、制造偏差所形成的走偏力：如传动辊筒的锥度较差、网带热定型不均匀等。

（2）由于安装质量不佳所产生的轴向力：如轴线存在较大的平行度误差，网带的支承装置高低不一，压辊与支承辊的轴线不平行，张紧机构的张紧度不相同等。

（3）运动阻力差：如成网风箱的气流不均匀，并呈明显的倾向性，轧辊在 CD 方向的线压力不平衡，并呈梯度分布。

为了使纠偏辊有明显的纠偏功能，网带在纠偏辊上要有一个最佳的包角，包角太小，纠偏力不足，纠偏动作迟钝；包角太大，网带难以在纠偏辊上移动，也影响纠偏功能。一般纠偏装置推荐的包角为 25°。纠偏辊与前后方辊筒间的中心距应与网带的宽度相适应,网带越宽,中心距也越大。

(四) DCD 调节机构

在熔喷法纺丝工艺中,需要用改变喷丝板与接收成网设备之间的距离(即 DCD)的方法来控制产品的质量。常用的 DCD 调节方法有两种:一是喷丝板(也就是纺丝箱)作升降运动;二是接收成网设备作升降运动。图 3-20 所示为 DCD 调节机构传动路线。

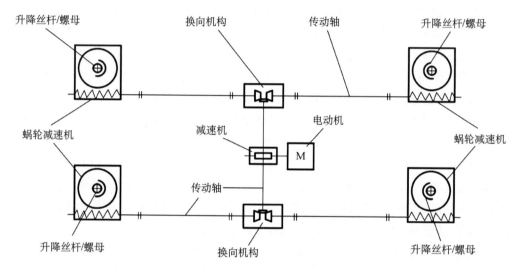

图 3-20   DCD 调节机构传动路线

当采用喷丝板作升降运动来调节 DCD 时,接收成网设备不需要配置升降机构。喷丝板的升降还分为仅喷丝板运动而纺丝钢平台不动及喷丝板与钢平台一起运动两种方式。前者所涉及的设备少,重量较轻(仅几吨重),但要求与纺丝箱连接的牵伸气流管道、熔体管道要使用柔性管道或活动连接;后者包括了全部纺丝设备,重量可达 20~30 吨,平台与纺丝箱体间的所有管线相对位置固定,密封性好,但传动机构复杂,造价较高。

当采用升降接收成网设备的方法来调节 DCD 时,接收成网设备就要配置升降机构。

在多数的熔喷系统中,升降装置都采用带有自锁功能的丝杆螺母机构,而采用蜗轮、蜗杆减速机驱动。其中有丝杆固定不动,蜗轮驱动螺母转动,减速机跟随接收成网设备升降;或蜗轮减速机固定在底座上,驱动丝杆转动,而螺母装在接收成网设备上,并跟随接收成网设备运动两大类型。

虽然两种传动方式的配置相类似,但从安全性角度来看,以丝杆转动,而蜗轮减速机固定不动这种方式结构较简单,稳定性也较好。

升降机构一般都是使用转动速度固定的交流电动机驱动,升降速度常控制在 100~150 mm/min,由于在运行过程中较多采用的操作是精调、微调 DCD,因此没必要使用太快的升降速度。

升降机构一般都是使用"四脚"传动模式,即用四条丝杆将接收成网设备支撑起来,而四条丝杆用同一个电动机同步传动。

根据系统的宽度及配置、升降速度的快慢，升降机构的驱动电动机功率一般在 2.2~7.5 kW，通常安装在接收成网设备的底座上。

由于接收成网设备是与下游设备之间仅通过输出的熔喷布有机联系起来的，利用张力控制就能协调相互间的线速度。但因为接收成网设备要进行 DCD 调节，接收成网设备工作面与下游设备间的高差随时都在变化。

在下游设备比接收成网设备高的时候，熔喷布则有可能被从网带工作面剥离；在下游设备比接收成网设备低的时候，熔喷布则有可能受从网带面逸散的气流干扰而剧烈飘动。

为了防止发生这些情况，在熔喷系统的接收成网设备输出端，经常设置有一只压辊，用于将熔喷布强制地压在接收成网设备的网面上，而不受 DCD 调节过程的影响，如图 3-21 所示。

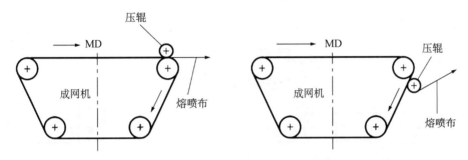

图 3-21 接收成网设备输出端的压布辊

（五）离线运动机构

熔喷系统在进行纺丝生产时，必须先启动牵伸气流系统才能投入运行。因此在系统启动阶段和在刚停止生产的一段时间内，还会有大量的废丝、熔体及热气流喷出，威胁网带的安全。

另外，在进行喷丝组件维护或更换喷丝组件时，由于空间狭小，作业过程很难在纺丝箱的下方进行。

基于上述原因，为了保护网带，并为维修工作提供所需的空间，熔喷系统的接收成网设备经常设计成可在地面上（沿 CD 或 MD 方向）移动的形式。在需要的时候，接收成网设备可沿布置在地面上的轨道从纺丝箱体的正下方移走，从而让出所需的操作空间，这个运动常称为"离线"运动（图 3-22）。

由于接收成网设备的下游就是卷绕机或后整理装置，可供接收成网设备移动的空间很小，因此大部分的熔喷生产线的"离线"运动是逆着 MD 方向，即向上游的方向运动离线的。

虽然也可以选择沿 CD 方向离线，但由于沿这个方向离线时，要跨越接收成网设备两侧的设备（如：风机、风管等），而且行程要比沿 MD 方向大，因此，接收成网设备基本不使用这种离线方式。

在设备较小时，可以直接用人力推动离线。当接收成网设备较大时，一般采用电动机驱动接收成网设备作离线运动。移动距离的大小既要保证接收成网设备的安全，还要让出足够的空间方便操作。因此离线运动的行程可有 2~3 m 或更多，移动的速度没有太多的限

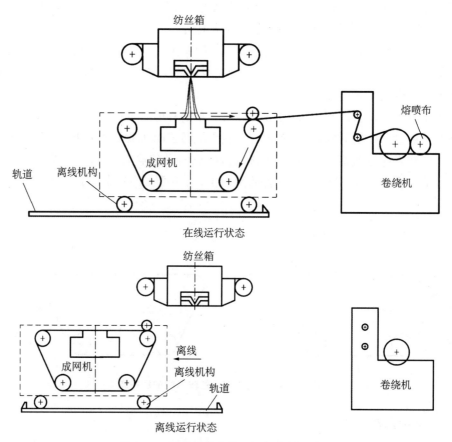

图 3-22　熔喷系统在线运行与离线运动

制,但不宜太快,否则在复位(称为"在线")时会出现难以定位的问题。

离线运动的速度与在线运动的速度相同,一般均不可调,约在 3 m/min(均视需要设计而定)。驱动成网机作离线运动的交流电动机功率一般为 1.5～2.2 kW。图 3-23 所示为离线运动机构传动路线。

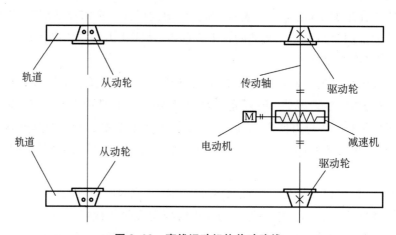

图 3-23　离线运动机构传动路线

七、驻极装置及其工作原理

一方面,在熔喷非织造布生产线上形成的纤网,纤维相互之间主要是在平面重叠在一起,在垂直方向相互之间的结合力非常低,几乎不能承受来自任何方向的外力作用;另一方面,熔喷法生产出的非织造布主要通过布朗扩散、惯性碰撞等机械作用[10]阻挡空气中的粉尘颗粒、有害气体以及微生物等有害物质,过滤效率低、捕集效果差,仅能过滤约60%的空气中的有害物质。因此,直接生产出的非织造布不具备实际应用价值,必须对产品进行驻极处理,在不改变熔喷非织造材料透气透湿性能的前提下,来加强纤维之间的联系,使其带有持久静电,大大提升其阻隔微小颗粒的性能。

电晕放电是目前常用的一种熔喷非织造材料的驻极技术。其原理大致为:在金属针或线电极上施加5~10 kV高压电,电极附近的空气在高压电场作用下产生电晕并将其电离成正、负离子,根据电极极性,与电极相同的正或负的离子在静电斥力作用下沉积到熔喷布表面,一部分载流子会深入表层被驻极母粒的陷阱捕获,进而形成带有空间电荷驻极体的熔喷材料。经过驻极处理的熔喷布在静电的作用下,自动吸附空气中与其电荷相反的颗粒,从而大大提高其过滤性能(图3-24)。如果对PP切片原料进行电气石共混改性,增加聚合物原料的可驻极性,则产品的驻极效果会更好,对PM2.5的阻隔效果能达到95%以上[11]。

 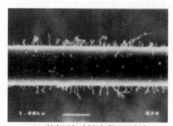 

(a) 驻极熔喷布　　(b) 驻极前对粉尘粒子过滤　　(c) 驻极后对粉尘粒子过滤

图3-24　驻极熔喷布及其驻极前后效果对比

有检测报告证明,静电驻极处理后的熔喷非织造布对空气中0.3 μm微尘粒子的过滤效率可高达99%以上,对有害颗粒和大多数细菌均起到很好的防护作用。驻极熔喷布中的静电荷会形成表面静电场,在一定湿度下产生微电流。电流会刺激细菌,破坏细菌的遗传物质、外壁、表面结构等,通过破坏细胞膜内外的生物驻极态,产生抑菌杀菌的效果[12]。

用射流喷网(水刺)技术(Spunlace)固结熔喷非织造布是近年开发的新工艺。

由水泵产生的压力高达40 MPa的高压水流,通过直径≤0.15 mm的水针板喷水孔喷出后,形成一个沿纤网全幅宽分布的水针帘,水针以高速(可达350 m/s)冲击还没有固结的纤网,水针在穿透纤网时和通过纤网后反射,使纤维互相缠结而形成形状固定、有一定强度的非织造布。

在将水分干燥后,便成为水刺布产品。水流在通过纤网后,进入过滤系统,经处理后循环使用。

采用水刺驻极可以产生更多的驻极体,从而弥补水刺驻极过程中损失的电极,使熔喷布的通透性更好,驻极体稳定,保持时间长,吸附性强,低阻力条件下,可以达到好的过滤效果[13]。

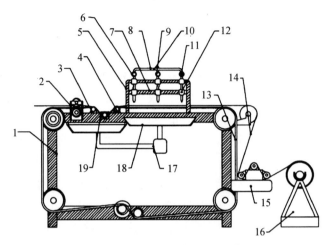

图 3-25 水刺驻极方法及设备

1—矩形框架；2—矩形侧板二；3—立式轴承一；4—辅助辊；5—匚形支架；6—阀门一；7—辅助杆；
8—分流管；9—阀门二；10—上层压力管；11—阀门三；12—下层压力管；13—无纺布传送带；
14—无纺布；15—无纺布缠绕架；16—无纺布辊支架；17—回水管；18—集水槽；19—矩形侧板一

水刺系统是一个较为复杂的系统，主要包括以下设备。

1. 高压水泵

一般为三柱塞式高压泵，用于产生高压力的水源。

2. 水刺机

水刺机是水刺工艺的核心设备，用于将纤网固结成布，按其工作方式分，主要有转鼓式（辊筒式）及平台式两种。

3. 水处理设备

水刺生产线在运行过程中，需要很大流量（100～200 m^3/h）的工艺用水，水处理系统就是要将工艺用水回收、净化处理，循环使用，一般的补水量为循环水量的5%～15%。

4. 干燥系统

干燥系统包括机械脱水与加热干燥两部分。

机械脱水一般采用负压抽吸的方式，将刚从水刺系统出来含水量很高的产品的大部分非结合水分除去。

用加热干燥的方法将纤网中的水分除去，热风穿透型干燥机是最常用的干燥设备。由于干燥水分要消耗大量的热量，因此水刺布的能耗也较高，生产成本比热轧熔喷布高，但产品的质量则优于热轧熔喷布。

八、分切装置及其工作原理

由于受设备边界条件的限制，产品幅宽（CD）方向的两侧一定宽度内，是没有使用价值的多余布边。为此，在设计生产线时会根据实际需要人为地将成网宽度加大，这样在完成切边后，仍可以获取所需宽度的合格产品。

由于下游加工企业所需要的产品规格是多种多样的,包括不同的幅宽及不同的卷长,这就要对全幅宽的产品进行分切及根据所需的卷长来切断,而目前的卷绕机在切段时会出现张力波动或"让刀"现象,可能会使个别的小幅宽布卷无法被切断,从而导致卷绕机或生产线要停机处理,造成很大损失。

目前大部分的卷绕机在生产运行过程中都无法进行分切刀的相互间距调整工作。因此,必须停机后再对分切刀的间距进行调整,即在分切机上进行"离线"加工。

离线分切不仅是一台分切机的概念,一个完善的分切系统是一个由布卷储存装置、退卷装置,接头驳接装置,分切机,卸卷装置,分拣、标识装置,包装设备组成的加工系统。

图 3-26 分切机

(一) 分切机的功能与特点

分切机是非织造布生产企业必须配备的离线加工设备,大部分的分切机是使用双辊筒来支承分切出的产品布卷,并利用摩擦传动方式工作的,这种工作方式更容易实现恒张力卷绕,目前分切机技术发展很快,一台现代的分切机是技术含量很高的设备(图 3-26)。

1. 分切机的功能

(1)小幅宽产品分切。当产品的幅宽较小、不适宜在卷绕机上分切时,就需在分切机上进行离线分切。

(2)小卷长产品复卷。当产品的卷长较小、不适宜或不能在卷绕机上分切时,就需在分切机上离线复卷。

(3)更换纸筒管尺寸。当最终产品布卷的纸筒管直径与卷绕机目前所使用的卷绕芯轴尺寸不同时,就需在分切机上更换所需规格的卷绕轴,进行离线复卷。

(4)进行产品放(退)卷质量检验。当怀疑产品布卷存在缺陷,或需要对产品进行例行抽查时,可利用复卷分切机将产品退卷检查。为了便于对缺陷部位进行详细的观察、分析,具有这种功能的分切机要有正、反向卷绕功能。

2. 分切机的特点

现代的分切机也是一台技术含量较高的设备,由于分切机可以在停机状态更换卷绕杆和卸下产品,因此除了没有不停机自动换卷的功能外,其主要结构及功能与卷绕机类似,甚至更复杂,而其体积会比卷绕机更大,购置价格也更高。其主要特点是:

(1)运行速度更高。生产线中的卷绕机是连续运行的,而分切机每完成一次产品分切,就要停机卸布,然后更换卷绕轴及纸筒管,再次开机运行。由于分切机是以间断运行方式工作的,其实际运行时间比卷绕机少。因此,分切机必须有更高的效率才能及时处理从卷绕机上下线的产品。

一般认为分切机的运行速度应为生产线中配套卷绕机的 2～3 倍,目前,国外配置在 SMS 型生产线上使用的离线分切机,其运行速度一般都在 1 000 m/min 以上,最高可达 2 000 m/min,这也是导致高速分切机价格较高的一个原因。

(2) 配有较多的纵向(MD)分切刀。配有较多的分切刀,并能迅速、准确地调整分切刀之间的相互距离;有的机型还具有分切刀自动定位功能。在现代的分切机上,基本上都是使用性能良好,但价格较贵的剪切式圆盘刀。分切机上的分切刀群如图 3-27 所示。

图 3-27　分切机上的分切刀群

有的机型带有纸筒管自动分切功能,可以按最终产品的幅宽规格在机上直接将一整条纸筒管进行分切排列,并与分切刀相对应而准确定位,省略了纸筒管与分切刀相互之间的对刀工作,有较高的工作效率。

分切机分切出的产品直径大小与幅宽有关,幅宽尺寸大,产品的直径也可较大,国内制造的大部分分切机的产品直径在 600～800 mm 之间,国外制造的分切机的产品直径在 180～800 mm 之间,最大可达 1 500 mm。

产品的最小幅宽与分切刀的结构有关,使用一般的剪切式圆盘刀时,最小分切幅宽在 50～100 mm,经改装或专用的分切机可分切出小至 10 mm 幅宽的产品。使用气动顶切式圆盘刀时,最小分切幅宽在 10～20 mm,但在大型分切机上很少使用这种刀具。

(3) 退卷端的原料布卷直径更大。在退卷端,待加工原料布卷(母卷)的直径要与卷绕机的产品最大直径相当,直径越大,工作效率越高,余料也越少,原料的利用率也越高。目前母卷的最大直径已达 3 500 mm,但大卷径的产品布卷必需配置起重设备才能吊装、运输。

(二) 分切机的主要结构

分切机的结构与卷绕机类似,主要区别是没有自动换卷绕轴系统,但具体到每一台机器,其实际配置则与设备型号、价格、技术要求等因素有关。主要包括如下各种装置。

1. 放(退)卷装置

放(退)卷装置用于夹持待加工的布卷,在设备运行时,布卷作退卷运动。放(退)卷装置有两种工作方式,一种是不用芯轴的无芯轴式放卷,另一种是放卷布卷带有芯轴的有芯轴放卷。放(退)卷装置应有以下基本功能。

(1) 支承待加工布卷的重量。由于有的布卷重量可能很重,支承装置需有足够强度,并能调整布卷的离地面高度。在操作时,可用人工,或使用起重设备将布卷放置在放卷装置上。大型主动放卷式分切机一般由机架直接支承母卷的重量,轴线的位置是固定不变的。

调节放卷装置的中心线高度是为了方便与布卷对中操作,常用的动力为气缸或液压油缸。

(2)布卷的中心定位。保障布卷的轴线与机器的轴线保持平行,防止布卷在工作过程中出现径向摆动。

(3)布卷轴向定位、夹紧。使布卷的轴向中线与机器在幅宽方向的中线相重合,防止布卷在工作过程中出现轴向窜动,常用的夹紧方法有丝杆机械夹紧、气缸夹紧、液压油缸夹紧三种。

对无芯轴式放卷系统,夹紧装置要有较大的行程,以便装夹不同幅宽的布卷;对有芯轴式放卷系统,由于芯轴的长度是固定的,因此夹紧装置的行程也是固定的,而且很小。

(4)提供放卷阻力。一般产品使用恒张力被动放卷,放(退)卷装置提供放卷阻力;对一些大卷径、小定量、断裂强力较小的产品(如小定量的熔喷布),有时会采用恒张力主动放卷。

2. 扩幅展开装置

其功能为将退卷的产品沿幅宽(CD)方向展开,除了可防止布面出现褶痕外,还在布的CD方向产生一定的张力,使分切后的布条在幅宽方向迅速互相分离,并在卷绕后的各产品布卷间形成相互分离的间隙,避免出现相邻的布卷相互重叠,下机后无法自然分离的现象。

常用的扩幅装置有固定的弯辊、中凸型辊、弯曲方向可调的展开辊、表面带双向螺纹或螺旋槽的扩幅辊等。

3. 分切装置

这是分切机的主要工作机构,按刀具所处的位置分,分切刀具常分为底刀(在布的下方,也称下刀)、面刀(在布的上方,也称上刀);按所用刀具在工作时的状态来分,有转动的圆盘刀、固定的片状刀等;按工作原理来分,有剪切式、压切式、切割式等。无论是采用何种形式的刀具,分切刀均应布置在张力较大、较稳定的位置。

分切机构包括分切刀、刀具支架或刀轴、调整与定位机构、进刀机构、退刀机构等。

除了切割刀片外,分切刀大都为圆盘形,上刀有单面刃碟形、对称中心刃盘形两种;下刀一般为短圆柱形,两端都是刀刃。

刀具支架或刀轴是安装刀具的基础,切割刀片的刀架一般为压紧或夹紧式。圆盘刀有两轮安装方式,一是直接装在刀架后再装在刀轴上使用,简易型分切机多用这种形式;二是装在刀架的刀盘上使用,档次较高的分切机常用这种方式。

调整与定位机构主要用于调整分切尺寸时刀具的整体移动及定位,具体形式与刀具的安装方式有关,刀轴式主要是用螺钉紧定,这个动作要在停机状态下进行。刀架式分切刀的支架一般都是固定在燕尾槽或线性道轨上,有专用的定位机构,调整较为方便。一些性能较高的机型,随时都能调整刀具的位置。

进、退刀机构的作用是使刀具进入或退出工作状态,一般包括两个方向的运动,一是向被分切产品靠近的径向运动,二是调整分切刀的轴向运动。但不是每一种刀具都同时有这两种动作,如切割式,顶切式只有第一种,刀具直接切入产品内;而剪切式则两种都有,第一步是上刀切入产品内,第二步是向下刀靠近并贴紧。

4. 卷绕系统

在被动放卷型分切机中,卷绕系统是牵引退卷布放卷的动力,卷绕系统担负了卷绕、支承产品的功能。分切机大都是依靠表面摩擦力来传递动力的,一般的分切机有两个水平布置且直径较大的卷绕辊筒,虽然直径相同,但其表面状态(摩擦因数)是不一样的。

有的双卷绕辊分切机的两个卷绕辊筒的表面线速度是可调的,通过调节相互间速度差的大小能改变产品布卷的卷绕密实度,或控制产品的卷径,其功能与压辊相类似。早期从中国台湾引进的部分分切机都有这种功能。

压辊是设置在两个卷绕辊筒正上方的一个活动的辊筒,在机器运行时,可根据需要压紧在布卷上。可通过其两端的两个气缸控制压辊的升、降运动及加在产品上压力的大小。压辊在控制产品的直径、控制卷取摩擦力、稳定卷绕张力等方面有很大的作用。在压辊的两个气缸之间配备机械联动装置,能有效防止在加工幅宽较小的布卷时,卷绕芯轴两端可能出现的左、右翘动现象。

对于高速型分切机,为了消除在高速运行时布卷有可能出现的跳动现象,在布卷上加设压辊是一个有效的措施,可有效地限制布卷的自由度,使卷绕过程在无振动的状态下进行。

为了提高设备利用率,要缩短分切机的启动加速时间和停机减速时间,因此要求驱动装置要有良好的加、减速性能。但分切机的加速时间和减速时间不能太短,以免由于张力变化而导致产品的端面参差不齐、影响产品的质量。特别是对一些高速机型,由于转动惯性很大,更要注意。如有的分切机的加速时间和减速时间控制在数十秒左右。

5. 自动张力控制系统

分切机是按恒张力卷绕的原理运行的,自动张力控制系统可以根据工艺要求设定卷绕张力,并在运行过程中使其保持稳定、一致,自动张力控制系统主要是通过自动改变退卷阻力来达到调节张力的目的。

常用的自动退卷阻力控制方式如下。

(1)被动放卷端设置气动制动(抱闸)机构。通过调节气缸的压力来控制制动力的大小,只有在气缸的压力随着布卷的直径的减少面自动降低时,系统才会有自动张力控制功能。此方案适用一些要求不高的机型,压力经常是手动调节的。

(2)被动放卷端设置磁粉制动器。利用张力传感器检测放卷张力,通过自动张力控制装置调节制动器的励磁电流(电压)来控制制动力的大小。由于此方案是闭环自动控制,适用于一些要求较高的机型,是一种较为常用的放卷张力控制系统。

磁粉制动器与放卷布之间的连接方式有两种:一种是直接与放卷布卷的芯轴相连,当芯轴转动时,带动制动器旋转;另一种是放卷布的芯轴装有齿轮,通过齿轮与制动器的齿轮相连,带动制动器旋转。

(3)主动退卷。当材料的断裂强力较小,无法承受被动放卷时的卷绕张力,或退卷布卷的直径较大,不适宜采用被动放卷时,就适宜使用主动退卷方式,通过改变退卷(电动机)速度与卷绕速度的速度差来控制张力的大小。此方案配置成本较高,自动化程度较高,适用于较大型的机型。

采用主动退卷时,退卷布并不是依靠卷绕张力拉动将布放出,而是利用退卷电动机带动布卷主动旋转、将布放出,退卷电动机的速度或输出力矩受张力系统控制,使非织造布所受的张力控制在设定值范围内。退卷电动机的动力常用两种方式传递给布卷(母卷)。

① 退卷布一直紧靠在由电动机驱动的辊筒外圆,随着非织造布的放出,卷径越来越小,布卷将在气缸的作用下沿轨道移动,保持与辊筒外圆的接触,辊筒的线速度就是放卷速度。这是小型分切机常用的主动放卷方式(图 3-28)。

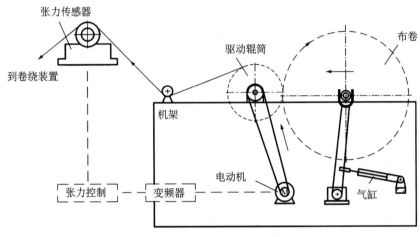

图 3-28 靠轮式主动退卷

② 由电动机驱动的可以回转的平型传动带,在放卷时,传动带的机架回转至使传动带与布卷接触的位置,并使传动带的表面始终保持紧靠在布卷面上。随着非织造布的放出,布卷的直径越来越小,传动带的机架将在气缸的作用下沿轴线回转,保持与布卷外圆的接触,通过摩擦传动将布放出,传动带的线速度就是放卷速度。这是大型、高速分切机常用的放卷方式,如图 3-29 所示。

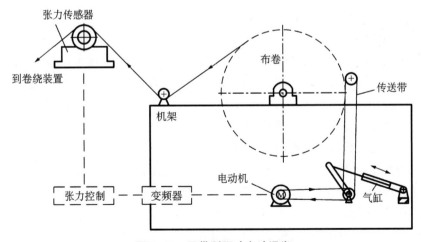

图 3-29 平带型驱动主动退卷

在退卷端具有停机制动性能是高速型分切机的基本功能,可以避免在卷绕端停机后,退卷布卷不能及时停止转动,出现失控的自由退卷、导致布卷散乱的现象。

自动张力控制系统能提供这种停机制动功能,当卷绕速度下降导致张力减小时,会自动增加退卷张力;当卷绕速度为零时,制动力矩增至最大值,直至将退卷布卷制动、停转。

6. 导边与纠偏系统

导边与纠偏系统是一个可以在轴向调节退卷布工作位置的系统,有人工操作与自动运行两种运行方式。有一些简单的机型,可直接采用人力轴向移动放卷布芯轴的方法来调整。在一些性能较好的分切机上,导边或纠偏过程是通过放卷机构机架的整体轴向移动来实现的。

导边与纠偏系统对提高放卷布的利用率,改善切边的平整性,减少装夹布卷时的调整工作量及节省被迫中途停机进行调整的时间都有很大的好处,特别是在布卷两侧的余量较小的情况下进行复卷或分切时,具有很大的优势。

常用的导边与纠偏传感器有光电式、射流元件。为了使系统具有较快的响应速度和调整力,并能准确定位,常用液压油缸作为执行装置。

7. 卸卷装置

产品分切好后,有的产品的卷重较大,人工卸卷劳动强度很大,利用卸卷装置可将产品从工作位置卸至包装工作台上。

一些大型分切机,配置有自动卸卷装置,具有自动卸卷功能;并配置有卷绕芯轴处理装置,用于套装纸筒管或在落卷后将卷绕芯轴拔出。

8. 首尾端驳接装置

为了避免首卷退卷布用完后,后续布卷还要重复进行穿绕的麻烦,有的分切机配置有首尾驳接装置,当首卷退卷用完后,将其末端在机器固定,然后将后续布卷的首端与其连接好,便可继续生产。

常用的连接方法有电热粘接,单面或双面黏胶带粘接,超声波粘接等。其过程既可手动,也可气动。

一些大型的分切机配置了自动驳接装置。

9. 卷长计量装置

卷长计量装置用于对产品的长度进行检测、计量。目前,普遍采用数字式卷长计量装置,其性能常包括计量单位转换(如公、英制),卷长到达设定值后报警、自动复位,循环计数,正、反方向计数,产量(卷长)统计,可随意设定每一个检测脉冲所代表的长度(系数)等。

有的卷长计量装置能在卷长到达设定值前,给出系统减速信号,使设备平稳降速运行,而在卷长到达设定值时准确停机,避免出现高速状态急刹车的状况。

目前常用的卷长计量装置传感器(或测量装置)有两种形式:一是直接与产品表面接触的滚轮式计数器,另一种是装在机器辊筒轴上的永磁铁。两者检测的参数都是转速,在已知滚轮或辊筒直径(或周长)的情况下,其累计数便可变换为产品的长度。

前一种形式在速度较低时有较高的计量精度,但滚轮磨损后直径变小,检测结果会存在较大的负偏差;后一种形式不存在磨损,计量装置本身也没有打滑,但结果受卷绕张力的大小影响较大,甚至在没有产品的状态下也会有长度显示,产品与卷绕辊之间的打滑现象仍会影响计量准确性。

10. 切边回收系统

切边回收系统的功能是将生产过程中切除下来的边料集中、收集输送至指定地点,保持机台现场工作环境的清洁,防止干扰设备正常运行。

切边回收系统的另一个重要作用是保持布边在幅宽方向有定的张力,使分切过程更为稳定、顺利,保持布卷外侧端面的平整。

目前切边回收系统主要为气流抽吸式,利用高压风机气流产生的负压将布边吸入管道内,并用气流将其吹送至指定地点,其工作原理与卷绕机的切边回收系统是一样的。

11. 验布设施

这是分切机的一个辅助功能,利用机器上配置的灯光和检验平台,可对加工的产品进行退卷检验或复查,为检查产品的质量提供了一个有效的手段。

为了能对疑似的质量缺陷进行反复检查,有的配置了验布设施的分切机还具有放卷布的倒卷功能,即可以将已退出的非织造布倒卷回来,以便再次进行放卷复查。

由于具有倒卷功能的分切机的硬件配置及控制系统都比普通的分切机更为复杂,造价也较高。而随着分切速度的提高和在线检测装置的推广使用,因此大部分分切机都将这个功能省略了,不仅没有倒卷功能,而且连验布设施也不配置了。

12. 控制系统与控制操作台

分切机的工作较为频繁,需要有一个独立控制操作台,对机器运行过程进行全面的控制。视分切机的具体配置水平及机型差异,在控制操作台上要能完成如下的基本操作:退卷布(母卷)的装夹,设备的启动、停止,运行速度调整,张力设定,卷长设定等。对于一些大型分切机,其控制系统还兼有各种附属设备的控制管理功能,如卸下产品,装卷绕轴,纸筒管分切,拨卷绕轴,分切刀自动定位等功能。

在控制操作台上的基本仪表有运行线速度、卷绕张力、卷长计量等。

随着分切机向着高速度、大卷径、自动化、智能化的方向发展,大型分切机的控制系统已开始采用计算机控制。这样,分切机就能充分利用在线检测系统的信息资源,利用卷绕机所生产的"母卷"中的缺陷信息,在分切出的"子卷"中找出缺陷,并做出相应的处理。

一般情况下,当缺陷即将出现前,分切机会自动降速或停机,以便对缺陷进行处置,而不用反复寻找或错过发现缺陷的时机。

九、卷绕成型装置及其工作原理

卷绕机是整条生产线中最下游的设备,也是所有机器中机构最多、动作最复杂的设备。熔喷布生产线是一个高效连续运行的系统,采用人工换卷或机器停下来后换卷会影响其生产效率。因此,需安装卷绕机使其在不停机的状态下能够进行自动换卷。

(一)卷绕机的组成

1. 卷绕装置

这是卷绕机的主要工作机构,卷绕装置的形式有很多,根据驱动卷绕装置的辊筒数量来分,有单辊、两辊及三辊三类,其中以单辊最为通用。不管是哪一类型,其最终的目的都是利用卷绕装置来驱动卷绕芯轴转动,将熔喷布收卷成卷状的产品。

驱动辊筒也称"接触辊"或"摩擦辊"。

卷绕的动力可由直流电动机或交流电动机提供。随着变频调速技术的日益发展,交流电动机的速度调节、转矩控制等方面的技术已能满足卷绕机的工作特性要求。用交流电动机作为驱动电动机对提高设备的可靠性,降低运行管理成本都有明显的优势。

2. 张力控制系统

在熔喷布生产线上,卷绕机是以恒张力卷绕方式工作的,张力控制系统包括张力辊,张力检测装置、张力控制装置等。

张力控制系统的最终控制对象是卷绕装置的电动机运行速度或输出力矩。

3. 自动换卷系统

这是保证卷绕机能连续运行的重要系统,也是卷绕机中结构及动作最复杂的系统。自动换卷系统包括备用卷绕轴库、卷绕轴输送机构、卷绕位置变换机构、横切断机构、产品布卷移动机构、卸布卷装置、控制系统等。

自动换卷系统的动作过程可以由电动机、气缸或液压油缸驱动,或是由几种动力相结合的方式进行。

4. 计量检测装置

计量检测装置主要用于检测产品布卷的直径、卷长等参数,为自动换卷系统提供换卷动作触发信号。常用的检测装置有滚轮式卷长计数器、接近开关、脉冲发生器、编码器、位移传感器、线性电位器等。

不同的卷绕机具体配置的检测装置是不一样的,但卷长测量是最基本的检测项目,是不可或缺的。利用卷长计量信息还可以进行产量累计工作。

5. 分切机构

分切机构是指将产品沿纵向(即 MD 方向)分切开,成为不同幅宽规格产品的机构。

分切机构包括用于将产品两侧不符合要求的边料切除的切边装置、将全幅宽产品分切为幅宽更小的产品的分切装置,实际上这两种装置的结构与功能都是一样的,仅是安装位置及分切的对象不同而已。

并不是每一台卷绕机都配置有分切机构,或同时配置这两种装置。分切机构由数量较多的分切刀具及相应的调整、定位机构,支承导轨等组成。由于不同的卷绕机所使用的分切方式也不一样,其分切机构的形式,技术含量会有很大的差异。

6. 扩幅装置

扩幅装置是用来消除在卷绕张力作用下产品出现的横向收缩现象及皱褶,使布面在横向适度张紧,有利于分切和准确控制幅宽,保证分切断面的平整性。

常用的扩幅装置有扩幅器、固定的弯辊、表面带双向螺纹或螺旋槽的扩幅辊等,以及弯曲弧度或弯曲方向均可调的展开辊等。扩幅器一般装在卷绕机与上游设备之间的入口端,而其他扩幅装置则大多装在分切装置与卷绕驱动辊之间。

7. 切边回收系统

切边回收系统的功能是将生产过程中切除出来的边料集中、收集并输送至指定地点。切边回收系统除了可防止边料干扰设备正常运行外,对保证布卷两个分切端面的平整度,保持机台现场工作环境的清洁卫生有很大的作用。

切边回收系统普遍采用气力吸边及输送，主要包括高压风机、文丘里式负压发生器、吸入口、管道等。回收的边料可以通过管道直接送至回收螺杆挤压机，也可以输送到指定场所待处理。通常，切边回收系统的吸入口都布置在切边装置的外侧，以便将切下的边料吸入并吹走。

8. 辅助设备

为了提高卷绕机的自动化水平或降低操作者的劳动强度，有的卷绕机配置了起重装置，用于吊装卷绕轴和产品；有的配置了下线产品自动移位装置；有的配置了自动拔卷绕杆装置和自动套纸筒管装置等。

9. 控制系统

控制系统能对卷绕机的运行过程实施有效的控制，保障动作的准确性和协调性，包括电气控制系统、气动控制系统、液压控制系统等。由于卷绕机较为复杂，为了提高可靠性，控制系统已普遍采用 PLC 作为核心控制元件，并以触摸屏为人机界面，操作较为方便。

卷绕机一般都有一个独立的操作站（或控制台），可在其上完成卷绕机的全部运行管理工作。

（二）卷绕机的工作原理

为了保证产品的质量，大部分卷绕机是以恒张力卷绕方式工作的，即对一定规格、定量的非织造布，从开始卷绕直到换卷下线为止，要求其在收卷全过程的张力都要保持在设定值范围内。

在非织造布生产线中，无论是哪一种机型，卷绕过程都是以表面驱动收卷方式工作的，即驱动辊通过表面的摩擦力传递电动机的机械能收卷产品。以这种方式运行时，卷绕机以恒转矩的特性工作。

也有人将这种卷绕方式称为被动收卷或表面收卷，意思是布卷的卷绕芯轴在工作过程中是被动的，而且其转动速度会随着布卷直径的增大而变慢，收卷过程是依靠表面摩擦力来实现的。

随着收卷时间的增加，产品布卷的直径会越来越大。为了保持卷绕张力恒定，卷绕芯轴（也称卷绕杆）在外力（一般都是气缸）的推动下，一方面与由电动机驱动的驱动辊筒表面保持接触，依靠两者之间的摩擦力继续带动卷绕轴旋转，将产品卷取到装在芯轴的纸筒管上（特殊情况下，也可直接卷绕在没装纸管的卷绕轴上）；另一方面，还会自动向远距离驱动辊的方向移动，以适应布卷直径的变化。

卷绕过程都是以摩擦传动的方式进行的。

十、热气流正压系统

熔喷热气流正压系统主要包括气源设备、气流管道、气流分配装置、气流系统匹配设备等。

（一）气源设备

熔喷热气流正压系统气流压力较高，因此，需用输出压力较高的风机。罗茨风机、螺旋式风机、螺杆式压缩机等都是较常用的风机。

选用何种设备来产生大量高速气流，是与熔喷组件的结构相关的。有的熔喷组件的气隙小，系统阻力大，为了保持一定的流量，就要选用耗能较大、压力较高的空气压缩机作为气流压力源；而有的组件的气隙大，阻力小，只要用耗能较少、压力较低的鼓风机作为气流压力源就能达到工艺所需的流量。

气源设备技术要求如下：

（1）输出压力。气源设备的输出压力一定要高于工艺所需的压力。一般情况下，罗茨风机的输出压力在 0.1 MPa 以下，螺旋式风机的输出压力可以达到 0.13 MPa，螺杆式压缩机的输出压力可大于 0.4 MPa。

目前熔喷系统多选用罗茨风机或螺旋式风机作为气源设备。如果要选用螺杆式压缩机，宜选用输出压力在 0.2 MPa 左右的机型，而不要选择输出压力为 0.7～0.8 MPa 的通用机型。

（2）输出流量。输出流量是在额定工况条件下的气体流量，风机的流量是按进气口在标准状态，即空气温度 20 ℃，绝对压力 101.325 kPa，相对湿度 50%（有的风机另有规定）下的空气流量，其单位为 m^3/min 或 m^3/h，即每 1 min 或每 1 h 的标准流量，有时用 Nm^3/h 表示。

（3）输出特性。从工艺角度，对输出特性的要求主要是压力或流量的稳定性，要求压力平稳，波动小或无波动。压力或流量的波动将会影响产品的纤维直径分布宽度，产品的均匀度和其他性能。

（4）输出气体的质量。应严格控制输出气流的含油量，由于热气流正压系统一般不设置净化设备，当产品用作医疗卫生材料时，最好选用无油设备。其次，对输出气体的水分含量不限制，因为水分在加热升温后，将全部变为蒸汽，成为气流的一部分。

（二）气流管道

在一般的熔喷系统中，气源设备、空气加热器、纺丝箱体三者之间的距离较远，要用管道将其连接起来，其中在空气加热器与纺丝箱体间的管道都是高温管道。

为了防止在使用过程中产生铁锈，堵塞熔喷纺丝组件中的气流通道，在选择制造牵伸气流管道的材料时，要求与熔体管道相类似，即牵伸气流管道也要选用耐热不锈钢材料来制造。管道的设计应留有充足的热胀冷缩余地，以便用于消除热应力。

在设计及架设管道时，要使管道的走向、长度、形状尽量保持对称或相同，从而保障各分支气流的均匀一致。

当采用仅升、降纺丝箱体而纺丝钢平台固定的方法调节 DCD 时，牵伸气流管道还要有一定的柔性，不能约束纺丝箱体的运动。因此，有部分牵伸气流管段常使用柔性的钢丝编织波纹管制造。一般情况下，波纹管不宜当作固定的弯头使用，仅用于有运动的柔性连接。

牵伸气流管道及其分配、稳压、整流装置、气流通道的形状和结构对牵伸气流的流量、风机的压力有很大的影响，这也是不同机型的牵伸气流产生装置在性能有很大差异的原因。

为了尽量减少管道阻力，一般不宜再在牵伸气流主管道上安装阀门。但为了使纺丝箱体上、下游的牵伸气流能保持均匀、对称，有时也会在牵伸气流总管与分支间安装调节阀，用于调节气流的流量。随着阀门开度的变化，能十分明显地观察到纺丝组件出口的纤维流和气流在网带上的偏移现象。

当管道设计、布置不合理，如管道弯曲半径太小、突然变径等，都会造成额外的压力损失,增加产品的能耗,并有可能导致压力不稳定而影响产品的质量。

由于纺丝箱体与牵伸气流管道都是处于高温状态,为了生产安全和避免热量散失,纺丝箱体、牵伸气流管道、气源设备等设备,都要用保温材料包覆和防护。

在日常的运行管理中,要加强对管道的接口、容易磨损部位的检查,防止发生泄漏。要注意避免管道被油料污染,因为有油污的保温材料在遇到高温气体时,很容易起火燃烧、发生火警。

由于熔喷系统所用牵伸风机的内部工作机构间隙很小,风机的入风口必须装空气过滤器,防止异物进入机器内部。而空气过滤器还能提高空气的洁净度,对保证产品的卫生条件也是必须的。

为了减少风机运行噪声,一般都在风机的入风口及排气口设置有消声器。其次,在风机与相连接的管道间,要安装柔性接头。如金属波纹管或橡胶缓冲接头,以便将噪声和振动隔断,并补偿由于温度变化产生的热胀冷缩。

常用的牵伸气流设备均为容积式设备,为了保障设备的安全,所有容积式风机的排出口必须设置安全阀,其整定压力应为实际工作压力的1.1倍,并小于风机允许的最高工作压力值。

(三)气流分配装置

在熔喷法纺丝系统,牵伸气流的对称性、均匀性、稳定性对产品的质量有关键性的影响。因此,要合理分配牵伸气流。气流分配系统包括两个部分,一个是纺丝箱体外的管道分配系统,使箱体上的各个分支管路能得到均匀一致的气流;另一个是纺丝箱体上的气流分配箱,使牵伸气流沿 CD 方向全长均匀分配,并进入纺丝组件。

管道分配系统有多种形式,主要是根据设计及总体布置而定,但管道的布置、走向、长短通径基本上是以纺丝箱的轴线(MD 或 CD)对称的。

1. 分配管道以 CD 轴线对称布置(图 3-30)

在这种布置方案中,气流总管 D_1 沿 CD 方向进入分配管道,然后分为上、下游两支管 D_2(当用网带水平接收时),或分为上、下游两支管 D_2(当用转鼓垂直接收时),每一分路再在 CD 方向分为两条气流支管 D_3,分别进入气流稳压分配箱。

这种分配方式适用于牵伸气流的空气加热器布置在生产线的一侧的系统。由于在 MD 方向不用布置进气总管,故也可用于带冷却侧吹风装置的熔喷系统。这是目前较为通用的技术方案。

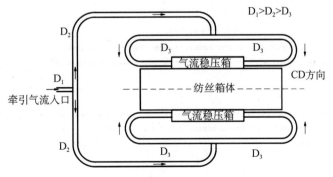

图 3-30 分配管道以 CD 轴线对称布置

D_1—气流总管;D_2、D_3—气流支管

2. 分配管道以 MD 轴线对称布置(图 3-31)

在这种布置方案中,气流总管 D_1 沿 MD 方向进入分配管道,然后分为左、右两气流支管 D_2,每一分路再在 MD 方向分为两条气流支管 D_3,分别进入上下游的气流稳压分配箱。

由于这种分配方式的进气总管布置在 MD 方向,仅能用于不带冷却侧吹风装置的熔喷系统,牵伸气流的空气加热器一般布置在生产线的上游方向,是目前独立熔喷系统所用的一种技术方案。

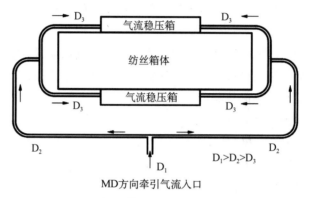

图 3-31   分配管道以 MD 轴线对称布置

D_1—气流总管;D_2、D_3—气流支管

3. 套管式气流分配管道

这种分配系统的管道以 CD 轴线对称布置,牵伸气流总管从 CD 方向进入,随后一分为二,进入上下游两个分路套管中的中心管内,中心管的管壁上沿 CD 方向加工有很多阻尼小孔,牵伸气流穿过小孔后进入内外管的环形大空间内,再沿 CD 方向两端的分支管进入气流分配箱的稳压腔。

每个纺丝箱体有两条分路套管,为了能使套管的环形空间有较大的容积,以便更好地分配气流,外管一般都选用较大的直径,平行布置在箱体两侧的上方。

由于这种气流分配系统的管道主要布置在高度方向,进气总管又布置在 CD 方向,因此,除了可用于一般独立的熔喷系统外,也是带冷却侧吹风装置熔喷系统及 SMS 生产线熔喷系统普遍采用的技术方案。图 3-32 所示为沿套管的轴向钻孔分路套管示意图。

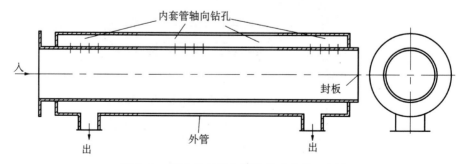

图 3-32   沿套管的轴向钻孔分路套管示意图

4. 气流系统匹配设备

熔喷系统中的风机、空气加热器、管道、稳压系统等的配置及规格是根据喷丝板的特性来决定的。为了使熔体细流得到充分的牵伸,要求牵伸气流保持工艺所要求的温度,降低并控制熔体的黏度。

牵伸风机有足够的输出压力和流量,在克服系统的阻力和补偿损耗后,仍能有足够的速度对纤维进行有效的牵伸。使用太高的气流速度不仅浪费能量,也容易产生"飞花"而影响产品质量;但片面追求低能耗而使用偏低的压力,将导致纤维粗大,最终也使产品的质量受损。

加热器的功率必须保证在进风温度最低,而流量最大的状态下,仍能达到工艺所需的温度,有足够的温度稳定性和较快的反应调节过程。

牵伸系统的阻力主要来自喷丝板组件,由于不同的制造商所设计的喷丝板角度,喷丝板与刀板间的气隙大小,两块刀板刀尖间的距离都有较大的差异,因此,牵伸气流系统必须与之相对应。

国内所用的喷丝板角度一般为 $60°\sim90°$,气隙宽度为 $0.60\sim1.80$ mm,刀板刀尖间的距离为 $0.60\sim1.60$ mm。由于这些结构参数差异很大,就导致了风机的机型、性能都有较大的差异。如有的牵伸气流压力仅在 40 kPa,而高者可达约 400 kPa,两者相差近 10 倍,使产品特性、能耗等指标也有很大差异。

如一般阻力较小的系统,其运行时的牵伸气流压力都在 0.06 MPa 以下,因此就可以选用额定输出压力在 0.10 MPa 的罗茨风机或额定输出压力在 0.14 MPa 的螺旋式风机;而一些阻力较大的系统,其运行时的牵伸气流压力都在 0.14 MPa 以上,因此,就要选用额定输出压力为 0.70 MPa 的压缩机,或订购压力为 $0.25\sim0.40$ MPa 的压缩机。

由于牵伸气流的流量是与熔体的挤出量对应的,而风机或压缩机的流量是按标准状态下的吸入量表示的。因此,不同机型所需牵伸空气的流量差异并不大。在实际使用中,一般都是按每 1 m 幅宽、每 1 min 的流量为 $50\sim100$ m³/(min·m)配置。

由此可见,在流量相同的前提下,实际使用压力较高的熔喷系统,其能耗可能就较大,但不能仅据此来直接评价这种工艺,因为使用不同牵伸压力的系统,其产品风格、质量也是有差异的。

在熔喷生产线中,牵伸热气流会消耗很大部分的电能量,一般在 $3\,000\sim3\,500$ kW·h/t。

由于在生产过滤材料时,为了获得超细旦纤维,采用较低的纺丝泵速度,使喷丝板在单孔流量较小的状态下工作,这时系统的产量将大幅度下降,单位产品的总能耗可达 $3\,500\sim4\,500$ kW·h/t 甚至更高。而在生产吸收类产品时,由于纤维可以较粗,因而产量较高,总能耗有可能会下降至 $2\,200$ kW·h/t 左右。

十一、成网冷却负压系统

(一) 成网冷却负压系统的功能

为了使从喷丝板组件出来的纤维能全部可靠地附着在成网带上,要求网带的下方形成一个足够大的负压区,才能将随纤维吹下的牵伸气流、冷却气流及包括周边环境一定范围内的空气抽走,使纤网紧贴在网带上定型,这样才能避免布面出现折皱,或发生"翻网""飞花"等现象。

一般熔喷生产线成网冷却负压系统包括上游溢流区、主成网区、下游溢流区、成网风机等。

由于带有纤维的高温牵伸气流的速度很高,从组件中喷出到成网接收区扩散的角度很小,即使在较大的 DCD 条件下,在 MD 方向的着网宽度一般在 200 mm 以内。因此,熔喷系统的主成网抽吸风箱的气流通过截面也较小,风箱入口的宽度(MD 方向)一般在 120~160 mm。

为了能吸收这种气流,要求抽吸风机有较高的压力,从而在网带两面能形成较高的压差,使穿(透)过网带的气流有足够的速度(一般在 12~20 m/s)和流量。而主成网区抽吸风箱的吸入口宽度较小,可避免吸入过多的环境气流。

因成网区的抽吸风机压力很高,一方面,在抽走部分牵伸气流的同时,还会通过抽吸风箱将其上、下游的两股环境气流吸走。虽然其中流动方向与网带运动方向相同的气流对成网过程的影响不大,但另一股与网带运动方向相反的逆向气流对成网过程就会有较大的影响。

必须注意到上下游的环境气流不是有负面作用的气流,正是这两股气流使牵伸气流降速,并对纤维进行冷却、降温,对熔喷布的质量有较大的影响。

另一方面,由于牵伸气流在着网时的速度还很高,在流向网带的过程中还有相当一部分会向周边溢散,除了会干扰成网外,这股气流在继续向下游流动的过程中,还会使熔喷布在接收成网设备与卷绕机间传送时发生强烈的抖动,甚至将定量较小的产品吹断。

(二)成网冷却系统的分区及特点

为了有效地控制这些气流,熔喷接收成网设备一般除了设有一个主成网区(对应的系统叫做主抽吸系统),还需在主成网区的上游设置辅助成网区(对应的系统叫做上游溢流系统),在主抽吸区的下游设置辅助成网区(对应的系统就叫做下游溢流系统)。

配置溢流系统的目的是控制溢散到成网区上下游沿网面流动的气流,减少环境气流对成网过程的干扰。在一些生产线(特别是幅宽 1 600 mm 以下的生产线)中,常将接收成网设备的网下区域(或抽吸风箱)分隔成几个流量和压力都不同的负压区,用同一台风机来处理成网气流和溢散的气流。

在这种情形下,并不是每个成网区都要配置独立的溢流风机。

由于在成网区上游的两带面上还没有纤网覆盖,阻力较小,网带会有较高的透气量,因而要求风机有较大的流量,而全压可较低。虽然有的观点认为,在独立熔喷系统的上游溢流风机作用不大,逸散的气流不会影响成网,其实上游溢流风机可控制牵伸气流的自然扩散,可减少纤维随气流逆 MD 方向扩散。

在成网区下游的网带面上已覆盖有纤网,阻力较大,透气量较少。为了使已定型的纤网能吸附在网带面上,而不会被从网面吹过的牵伸气流吹乱,要求下游溢流区能透过熔喷布吸收部分气流。

为此在技术上常采用以下几种方法：提高风机的压力；延长溢流区的长度，也就是增大溢流区的面积；既提高风机压力、也增大溢流区的面积。

因此上、下游溢流风机的性能（流量、压力、功率）是有差异的。

在独立的熔喷生产线，接收成网设备上、下游溢流风箱的设计流速、在 MD 方向的宽度也是不同的。一般是上游较短、面积较小，但气流的速度较高；而下游较长、面积较大，但气流的速度较低。这种设计可使风机有足够的时间来吸收从布面吹向下游的溢散气流。

由于熔喷纤网在到达网面便固结成布，并有了相当的强度，与网带附着较紧密，不容易受其他气流干扰。而且熔喷生产线的速度较慢（一般小于 100 m/min），能保持较好的成网质量，熔喷布能与网带同步前进并平稳输送。

但过度的抽吸，很容易使尚未定型的熔喷纤网被"复印"上网带的网纹，使熔喷布的手感变差，而且还会增加布与网的分离难度。

（三）成网冷却负压系统的风机配置

熔喷生产线的成网冷却负压系统的配置中气流的温度较高、成分复杂（含大量单体烟气）、流量较大。一般熔喷生产线主抽吸风机的流量可达牵伸风流量的 5~10 倍。

为了保持抽吸气流的均匀性，幅宽较大（1 600 mm 以上）的熔喷系统较多采用双面吸风方案，即同一个抽吸区，在两侧各配置一台同样规格的风机；或仅使用一台规格较大的风机，以 T 形管对称分至两侧。如图 3-33 所示。

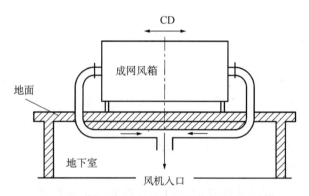

图 3-33　单风机对称型成网风箱的抽吸风管路

因此，一个熔喷系统配置的网下吸风风机数量也较多，可达 3 个或更多。

（四）抽吸风箱与溢流风箱

抽吸风箱的结构对成网的均匀性有极大的影响，成网冷却负压系统单靠一个简单的箱体是很难使气流均布的，抽吸风箱只有在均匀分配气流的状态下才能均匀铺网。为此，熔喷生产线的成网风箱也有多种形式，在一些较小规格（如幅宽不高于 1 600 mm）的生产线，较多使用抽吸风箱与上、下游溢流风箱结合在一起的组合式成网风箱；而在一些规格较大（如幅宽大于 1 600 mm）的生产线，则较多使用抽吸风箱与上、下游溢流风箱分开的独立式成网风箱。

十二、熔喷生产控制系统

目前，在劳动力成本越来越高的经济大环境下，对设备智能化水平的要求越来越高。而设备智能化水平的高低取决于自动化控制技术的水平及可靠性、稳定性等。同时，大多数生产线及其工艺的实现，在简化设备的基础上，越来越依赖于自动化控制技术的提升。在电子技术及自动化控制技术高度发达的今天，这是完全可以实现的。

在熔喷法非织造布生产线中，电气控制系统是若干分系统单元的有机结合。电气控制系统中，实现各单元间的同步、熔体温度控制、高温熔体压力和流量的控制、冷热风气体压力和风速的控制、网帘纠偏控制、螺杆挤出机压力闭环控制等关键点对产品质量起到至关重要的作用。

为了保证设备的正常运行，配置了由控制器及人机界面组成的自动化控制系统，设备的运行控制及设备间的协调是通过自动化控制系统实现的。目前普遍采用可编程序控制器(PLC)和集散控制系统(DCS)以及现场总线控制系统(FCS)等自动化控制技术。网络技术、远程诊断技术也已经逐渐融入大多数控制系统中。

(一) 电力拖动系统

电力拖动系统泛指由电动机驱动的设备或系统，在熔喷非织造布生产线中，按所使用的电源种类分，有使用直流电动机的直流传动系统与使用交流电动机的交流传动系统两大类。

1. 生产线的机械负载特性

机械的负载特性有恒转矩、恒功率、平方转矩、递减功率和负转矩等几种。生产线中大部分设备的负载特性均是恒转矩的，驱动电动机输出的功率与转速成正比，如成网机、卷绕机等的驱动负载。

生产线中配置的单轨吊车、单梁吊车、升降装置等也属恒转矩设备，但负载转矩总是与转动方向相反，故称为负转矩。

由变频调速装置控制的电力传动系统，当其工作频率高于额定频率时，便进入恒功率运行状态。即随着转速升高，转矩则随之减少，使电动机输出的功率保持在额定范围内。

离心式风机、离心式水泵等流体负载的特性均是平方转矩，所需的转矩与转速的平方成正比，电动机输出功率与转速的三次方成正比。

2. 电力拖动系统的电动机

(1) 直流电动机。直流电动机有很好的调速性能及机械特性，转动惯量小，特性硬，调速比很大，体积小、输出转矩大。但由于直流电动机的构造复杂、故障率高，运行维护成本高，除了在一些早期制造的生产线及少量新生产线的部分设备(如螺杆挤压机、成网机)还在继续使用外，已逐渐被交流电动机替代。

(2) 交流电动机。常用的交流电动机主要有交流异步电动机与交流同步电动机两类，而以交流异步电动机最为普遍。熔喷布生产线常用的电动机主要是交流异步电动机。

在调速范围较宽的系统，如成网机，为了保证电动机在低频状态下能长期连续运行，要选用带独立冷却风机的变频调速专用电动机；在环境温度较高的场合，如螺杆挤压机、纺丝泵，要选用绝缘等级较高的电动机，F级绝缘已是目前常用的等级；为了在低频率运行时能输出额定转矩，常采用加大电动机功率等级的方法配置电动机。

变频调速专用电动机具有如下特点。

① 适宜使用变频器供电，并进行调速。

② 冷却风扇是由一个独立的恒转速电动机驱动,风量恒定,而与变频电动机的实际转速无关。

③ 设计的机械强度能确保在最高转速下安全运行。

④ 电动机的磁路设计可使电动机在最低频率与最高频率之间保持良好的性能。

⑤ 绝缘设计比普通电动机更能耐受高温和耐受较高的冲击电压。

⑥ 高速运行时产生的噪声、振动、损耗都低于同规格的普通电动机。

3. 电力拖动系统的组成

电力拖动系统一般由设定装置、控制系统、调节系统、反馈装置与负载(执行装置)等组成。

(1) 设定装置的功能是输出动作指令,如启动、停止,正转、反转,运转速度等,生产线上常用的设定装置有按钮、旋钮、触摸屏、计算机的鼠标与键盘等。

(2) 控制系统。控制系统对电动机的运行提供控制和保护,其中包括了电源的接通或断开、超载保护、短路保护、超电压或欠电压保护等,常用的低压电器元件包括了各种开关、断路器、接触器、继电器、熔断器等。

(3) 调节系统。调节系统主要是通过改变对电动机提供的能量的方法来调节电动机的运行状态。目前在调节装置中已普遍使用了微处理器(CPU),除了能调节电动机的运行状态外,还具有丰富的人机对话功能及保护功能,常用的调节装置包括变频器、软启动器、直流调速器、PLC 等。

(4) 反馈装置。反馈装置是闭环控制系统中用于反馈被控制对象运行状态的装置,利用反馈信号与指令信号进行比较得出的结果,调节系统会对出现的偏差进行修正,使设备能按预定的状态运行。

常使用测速发电机、编码器等来反馈速度信号,用压力传感器来反馈压力信号,用温度传感器来反馈温度信号,用张力传感器来反馈张力信号。

(5) 负载。负载(执行装置)就是被电动机驱动的各种机械设备,用于实现各种工艺目标。

(二) 生产线工艺参数

为了保持生产过程的稳定,要求相关的工艺参数也能保持在所要求的范围内,但由于生产过程不可避免存在各种干扰,会使设备的运行状态偏离设定值。自动控制系统就是一个可纠正偏差,使设备的运行状态维持在设定范围的系统。

生产线中被控制的工艺参数有线速度、转速、温度、压力、线压力、张力、流量、位移、液位和料位,在一些大型设备中,控制量还包括了振动、加速度等。

1. 速度控制系统

速度控制常采用变频调速,变频调速技术已发展到了第四代(第一代叫正弦波脉宽调制SPWM,第二代叫电压空间矢量控制 SVPWM,第三代叫矢量控制 VC,第四代叫直接转矩控制 DTC),在带编码器或测速发电机后,第四代直接转矩控制系统的调速比可达 1∶1 000,静态速度精度可达±0.01%,是一种高性能的调速系统,已能在一般的使用领域替代直流电动机调速系统。

在变频器上,除了可以直接设定设备的运行速度(电动机的电源频率)外,还可以选择频率设定方法、运转控制方法,设定电动机的运行特性和显示实际运行参数,如负载电流、工作电压、实际运行速度、查找故障记录等。

但在实际使用中,由于仅需改变频率设定值,而变频器又多装在电气控制柜内,因此较少直接在变频器的触摸屏上操作,而是利用计算机来设定或修改设备的工艺参数。

变频调速常用于速度控制,如生产线的运行线速度、成网机的速度、卷绕机速度以及螺杆挤压机转速、纺丝泵转速、风机转速等。其硬件设备包括变频器、交流异步(或同步)电动机、测速反馈装置(如测速发电机、编码器)和测压反馈装置(如压力传感器、压力控制器)等。

变频器的主要性能如下。

(1) 输入侧的性能:额定输入电压(V),最大输入电流(A),电源频率(Hz)等。

(2) 输出侧的性能:额定输出电压(V),额定输出电流(A),输出频率范围(Hz),额定输出容量(VA),适配电动机功率(kW),过载能力(%)等。

2. 温度控制系统

温度自动控制常用于控制螺杆挤压机温度、熔体纺丝温度、纺丝箱温度、熔体管道温度、熔体过滤器温度、纺丝泵温度、熔喷牵伸气流温度等。控制单元包括温度控制器(温控表、PLC温控模块、PID控制单元等)、电加热器、测温传感装置(Pt100热电阻、J型及K型热电偶等)和执行装置(开关元件、固态继电器、调压器、调功器、自动调节阀)等。

3. 压力控制系统

压力自动控制在熔喷非织造布生产线中,主要控制纺丝熔体压力、冷却风压力、压缩空气压力、牵伸气流压力和液压装置工作压力等。

压力控制系统包括压力控制器、压力源、测压装置(压力传感器、压力变送器、电接点压力表等)和执行装置等。

4. 张力控制系统

张力控制系统由张力控制器、张力检测装置(如张力传感器、位移传感器、角度传感器)和执行装置等组成,用于调节生产运行中布面的动态张力。

一般在卷绕机、分切机、成网机的网带等设备上都会用到张力控制系统,其中卷绕机、分切机的张力控制系统是闭环控制的,而成网机网带的张力控制一般以开环控制较多。在卷绕系统中,当改变生产速度时,为了保持非织造布的张力恒定,张力控制器会根据既定的张力值来控制卷绕机的速度与前续设备相同,从而能保证卷绕产品的质量[14]。

5. 扭(转)矩控制

扭(转)矩控制常用于传动装置的过载保护。在熔喷非织造布生产线中,扭矩控制主要用于纺丝泵传动系统保护。当出现过载时,控制系统便执行过载保护动作,切断电源或剪断安全销,使负载与动力脱开,保护系统的安全,并发出报警信息。

6. 流量控制系统

流量控制常用于风机或泵的气体、液体流量控制,如冷却风流量、奉伸气流的流量、抽吸风流量冷却水流量、冷冻水流量和导热油流量等。

流量控制系统包括流量检测装置、流量传感器、压差传感器和变送器等。

执行装置可利用自动(电动或气动)调节阀控制系统中阀门的开度,控制流体的流量,间接控制其他物理量,如熔喷系统牵伸气流流量调节。也可用控制风机转速的方法调节风量,调节泵的转速来实现对流量的控制,如生产线中的冷却风流量、成网风机的流量、单体抽吸流量控制纺丝泵的熔体排出量等,这是生产线中最常用的流量控制方法。

7. 位移检测与控制

位移控制是生产线中使用的一种自动控制技术,常用于网带位置检测和控制、卷绕机换卷装置位置检测、产品布卷直径测量、熔喷系统 DCD 检测、熔喷系统辊筒接收间隙检测、成网机缠辊故障检测和安全防护等。

位移检测装置包括电容、电感式接近开关,红外线接近开关,霍尔开关,行程开关,线性电阻,磁致伸缩型传感器,编码器,显示器等。

执行装置包括接触器、液压阀、气动阀、油缸、气缸、变频器和电动机等。

8. 料(液)位自动控制系统

料(液)位控制技术常用于料位(料仓料位,三组分料位)控制和液位(润滑油油位,冷却水水位等)控制等。

硬件设备包括位移(料位、液位、物位)检测装置,如电容、电感式接近开关,阻转式料位开关,霍尔开关,音叉式料位传感器,行程开关,编码器和浮子等。

执行装置包括液压阀、气动阀、变频器、电动机、浮球阀等。

9. 时间控制

常用于控制电动机的启动、停止时刻、连续或间歇运行时间的长短、动作延时等。如煅烧炉真空泵开始及终止运行时的时间,电动机以 Y—△方式启动时的转换时间,电动机加、减速时间,网带纠偏动作延时等。

常用的控制装置有独立的计时器、时间继电器等,而在自动控制系统中的很多时间控制都是利用 PLC 中的软计时器来实现的。

10. 计数

在生产线中,产品布卷长度(卷长)计量,三组分装置的原料配比计数(在采用量杯式计量时),设备的转数等,都需要计数,它是通过检测计数脉冲的方法来实现的。

常用的控制装置有计数器,计长仪等,常用的传感器有电容或电感式接近开关、霍尔开关(与永磁体配用)、光电开关、编码器等。

11. 纠偏装置

纠偏装置是一种自动修正网帘在运动中出现的左右跑偏误差的机械装置。

纠偏装置是一个闭环的控制系统,由传感器(纠偏、极限保护)、变频器、可编程控制器(PLC)和线性导向机构构成。

在设备运行中,纠偏传感器探测到网帘的边缘,由 PLC 来控制纠偏变频器运行(正/反转)、驱动线性导向机构运转、纠正网帘到正常位置。实际运行当中纠偏速度与铺网机的速度快慢紧密相连。即铺网机速度越高,对纠偏速度的要求也相应提高。

在设备运行中,极限保护传感器探测到网帘的边缘时,PLC 将立即停止铺网机及纠偏装置,及时保护网帘的安全。

12. 熔喷系统的网帘保护装置

网帘的成本比较高,如果熔体掉到网帘上,容易堵塞网孔,同时不易刮掉或清洗,拆卸也不方便,这样会影响制品的质量及网帘的寿命。所以保护网帘上不掉熔体也是延长网帘寿命及保障制品质量的关键因素之一。在正常情况下,熔喷系统正常工作时,这种现象很少发生。一旦出现加热罐的加热系统故障、牵伸风机出现故障、突然停电等现象时,熔体就会直接大面积地落到网帘上,网帘保护装置可以防止这种突发事故的发生,从而可以保护网帘。加热罐的加热系统故障、牵伸风机出现故障、突然停电等现象归类为有源类型故障和无源类型故障两种。加热罐的加热系统故障、牵伸风机出现故障等属于有源类型故障,突然停电属于无源类型故障。在发生有源类型故障时,PLC接到相应故障信息后,立刻驱动相应机械机构,将预备网铺到网帘上,使熔体落到预备网上,避免熔体直接落到铺网机的网帘上。发生无源类型故障时,通过汽缸的掉电工作来驱动相应机械机构,将预备网铺到网帘上,使熔体落到预备网上,避免熔体直接落到铺网机的网帘上。

参考文献:

[1] 李振军. 聚丙烯熔喷法非织造布发展现状(上)[J]. 橡塑技术与装备,2020(20):25-29.

[2] 刘玉军. 纺黏和熔喷非织造布手册[M]. 北京:中国纺织出版社,2014.

[3] 李振军. 聚丙烯熔喷法非织造布发展现状(下)[J]. 橡塑技术与装备,2020(22):25-30.

[4] 叶小波,唐林,陈春亮,等. 医用口罩非织造材料研究进展[J]. 纺织科技进展,2020(10):11-18.

[5] 焦宏璞,钱晓明,钱幺,等. 医疗用非织造材料的加工技术及发展[J]. 化工新型材料,2019,47(12): 27-31,36.

[6] CASTRO-AGUIRRE E, IñIGUEZ-FRANCO F, SAMSUDIN H, et al. Poly (lactic acid) mass production, processing, industrial applications, and end of life[J]. Advanced Drug Delivery Reviews, 2016, 107: 333-366.

[7] 田卫东,李世通. PP熔喷料挤出机换网装置的设计[J]. 中国塑料,2011,25(10):95-97.

[8] 郭秉臣. 非织造布学[M]. 北京:中国纺织出版社,2002.

[9] MENG K, WANG X, CHEN Q. Effects of spinneret orifice's diameter and polymer density on melt blown fabrics[J]. International Journal of Nonlinear Sciences & Numerical Simulation, 2010, 11: 315-316.

[10] 何宏升,邓南平,范兰兰,等. 熔喷非织造技术的研究及应用进展[J]. 纺织导报,2016年增刊:71-80.

[11] 刘亚,吴汉泽,程博闻,等. 非织造医用防护材料技术进展及发展趋势[J]. 纺织导报,2017年增刊:78-82.

[12] 韩玲,胡梦缘,马英博,等. 医用非织造口罩材料及其新技术的研究现状[J]. 西安工程大学学报,2020,34(2):20-25.

[13] 杨建强,杨红恩,杨朱强,等. 一种聚丙烯熔喷无纺布的制备方法及其驻极设备:ZL110820174[P], 2020-02-21.

[14] 郭奕雯,王海英. 高稳定性纺熔复合非织造布生产线控制系统[J]. 纺织机械,2014(6):88-90.

第四章
纺黏和熔喷复合技术及装备

第一节　纺黏和熔喷复合(SMS)工艺技术

一、SMS复合非织造布的基本特征与工艺流程

SMS复合非织造布生产线是由纺黏法系统和熔喷法系统按照一定的顺序组合、排列，并将纤维顺次铺放在共用的成网机网带上，下游纺丝系统的纤网相继将上游已形成的纤网覆盖、叠合在一起，形成"三明治"式结构的复合非织造材料，经过热轧机固结后，形成为由多层纤网复合的SMS型产品。

SMS复合非织造布中，熔喷非织造布(简称M)具有均匀度好、过滤效率高、阻隔能力强的优点，但由于其纤维的强度较低，纤维间的黏合强度不足，因而力学性能差，强力较低，延伸小，不耐磨，未经处理前，一般难以独立使用。

与此不同，纺黏非织造布(简称S)的强力大，耐磨性好，但均匀度较差，过滤精度低。将两者优点整合再一起，便可达到优势互补的效果，使非织造复合产品既具有较好的过滤、阻隔作用而又有良好的透气性。

以PP原料为例，一般的纺黏法PP纤维的单丝强度为2.9～4.9 cN/dtex，而熔喷法PP纤维的单丝强度仅为1.5～2.0 cN/dtex，纺黏布的拉伸强力约为定量值的1.5～2.0倍，而熔喷布的拉伸强力仅为定量相同的纺黏布的1/4～1/5，甚至更低。因而，将熔喷技术和纺黏技术复合在一起，通过融合纺黏布及熔喷布的优点生产出的SMS复合非织造材料和产品具有强力高、耐磨性好、过滤效率高或阻隔能力强的性能，已在医疗、卫生、保健、防护制品领域得到了广泛的应用。而经过抗静电、拒水、拒酒精、拒血液功能处理的产品更是高端医疗防护用品的首选材料。

SMS复合非织造布是泛指由两种纤网组成的、具有"三层"结构的复合非织造材料，是这一类产品的统称，如图4-1所示。目前SMS生产线中已经有7个模头的复合生产线在运行。根据产品用途要求，可自由设计组合。其中第一个S为底层纺黏产品，模头数量可配置1～3个，中间M层模头数量可配置1～4个，上层S纺黏布通常为单层。因此，形成了世界上流行的3～7个模头生产线的不同配置，包括：SMS, SSMS, SMXS, SMMS, SMMMS, SSM-MS, SSMMXS, SMMMS, SMMM-S, SMMMXS, SSMMMS, SSSMMMS等，其中还有一次成网及二次成网两种成网方式。

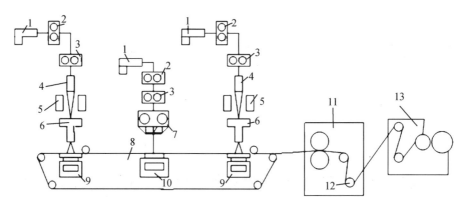

图 4-1　SMS 生产线工艺流程图

1—螺杆挤压机；2—熔体过滤器；3—纺丝泵；4—纺黏系统纺丝箱；5—冷却侧吹风；6—牵伸装置；
7—熔喷系统纺丝箱体；8—成网机；9—纺黏成网风箱；10—熔喷系统成网风箱；11—热轧机；
12—冷却辊；13—卷绕机

图 4-2 所示分别是纺黏布、熔喷布及纺黏熔喷复合非织布的截面图，图中可以很清晰地辨析出三类不同产品的结构特点：

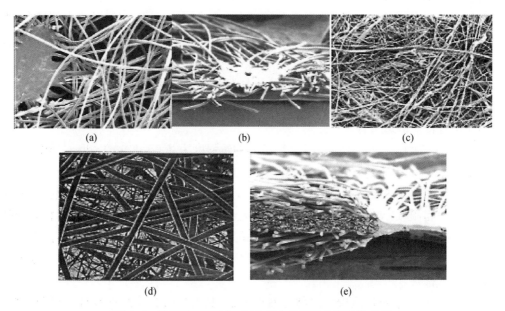

图 4-2　纺黏布、熔喷布、SMS 复合非织造布截面比较图

（a）为纺黏纤网的表面，纤维的粗细均匀，相互间的空隙很大，左侧为轧点；
（b）为纺黏纤网的截面，纤维的粗细均匀，相互间的空隙很大，中部为轧点；
（c）为熔喷纤网的表面，纤维的细度比纺黏纤维小，但粗细不一，相互间的空隙很小；
（d）为 SMS 复合纤网的表面，熔喷层纤维把纺黏纤维的大空隙填充了；
（e）为 SMMS 复合纤网的截面，较多的熔喷层纤维形成了具有良好阻隔能力的结构，右侧的扁平状纤网为由热轧机形成的轧点。

从各种产品的结构与截面图可以看到，纺黏法非织造布的纤维较为粗大、纤网间的空隙较大,因而具有较好的机械性能;熔喷法非织造布的纤维很细、纤网间的空隙很小,会有很好的过滤阻隔性能;而在由纺黏纤网和熔喷纤网组成的 SMS 型复合产品中可以明显看到,产品的上、下两个表面为纺黏层纤网,具有较高的机械力学性能,中间层致密的熔喷纤网具有很好的阻隔能力,三层纤网用热轧的方法固结后便成为一个整体,融合了两种非织造布的优点,互补了两者的弱点,而成为一种性能良好的新型非织造材料。

二、SMS 复合非织造布的制备方法

SMS 复合非织造布的生产方法有多种,生产实践中采用的主要有"一步法""二步法""一步半法"的纺黏和熔喷复合生产工艺。

"一步法"SMS 复合非织造布生产工艺也称作"在线复合"生产工艺,或直接纺丝成网复合工艺;"二步法"SMS 复合非织造布生产工艺或"一步半法"SMS 复合非织造布生产工艺称作"离线复合"工艺。

如果没有特别声明,一般所指的 SMS 工艺都是"一步法"SMS 复合非织造布工艺,而 SMS 非织造布产品则是泛指由三层及三层以上纺黏和熔喷纤网复合而成的产品。

SMS 非织造布制备过程中,纺黏法纺丝系统和熔喷法纺丝系统的运行状态与独立运行的系统相似,但由于受上游系统的纤网影响,成网风机的运行参数与独立运行系统会有差异。另外,SMS 生产线熔喷系统的"DCD"调节方式,"离线运动"方式也与独立系统不同。

(一)"一步法"SMS 复合非织造布生产工艺

1."一步法"SMS 非织造布的制备方法

用"一步法"工艺制造 SMS 复合非织造布产品时,是在生产线中按 S-M-S 的顺序配置纺丝系统,直接用聚合物纺丝成网,三层纤网按顺序在同一成网机的网带上叠合后,用相应的固结技术复合在一起,并根据产品用途进行分切卷绕形成最终产品。

在技术上可供选择的固结方法较多,如热轧、针刺、水刺、超声波、热风黏合等。采用不同的固结方法,形成产品的性能也会有差异。热轧机是目前最普遍使用的 S-M-S 复合固结设备。

"一步法"制备 SMS 非织造布的生产工艺具有生产速度高、纤网定量低、单线产能大、产品面密度小等优点,能够满足高性能非织造材料使用要求。主要表现为:

(1)可控的纤网制备过程,可以满足生产线高速运行。当第一层 S 纤网铺垫在成网机的网带上后,M 纤网落在 S 网上固结并与其紧密结合在一起,在抽吸风机的作用下,纤网稳定地附着在高速运动的网带上,基本不受环境气流的干扰。第二层 S 网落下时,超细纤维组成的熔喷纤网和抽吸风机共同作用将其与已经形成的 S-M 网黏合叠加在一起,进入热轧机加固。纤网成形过程可控。

(2)低定量的熔喷产品制备,为生产高性能复合非织造材料奠定了基础。熔喷非织造材料由于纤维细度小、强度低,成网过程中易受周边环境影响以及卷材退卷困难等因素制约,单独运行时难以生产小定量薄克重(小于 10 g/m^2)的产品。但在生产 SMS 复合产品时,在纺黏生产工艺的影响下,生产线运行速度可以大幅提高(>300 m/min),熔喷非织造纤网的定量可以减小到 1 g/m^2 以下,有力地促进了产品的过滤和阻隔性能的提升。

（3）"一步法"SMS复合技术是实现高速度、低定量、高产量非织造材料制备的主要方法。在SMS复合非织造生产中，M产品的产能和产品质量直接影响SMS生产线的产能和产品质量。相对于单独的熔喷生产线，在S-M-S生产线系统中M系统的产量可增加25%甚至更多。同时，为了提高M模头的产量，工艺设计中还可以加大喷丝板的单孔挤出量，提高纺丝速度和生产线工艺速度。

SMS复合非织造布常用于制作医疗、卫生、保健制品的材料，产品较为轻薄，定量一般都比较低。如用作卫生材料时，定量常在30 g/m² 以下，如要提高生产线的产量，就必须使用较高的运行速度，通常速度要大于300 m/min，这时M系统的生产能力可以达到200～250 kg/h，甚至更高，而一般的3.2 m熔喷线的生产能力为160 kg/h左右。

2. "一步法"SMS非织造布的性能和特点

（1）性能。SMS非织造布的性能指标与产品的用途和纺黏、熔喷系统的配置有关。表征它的基本性能指标有产品的均匀度、透气性能，阻隔性能（静水压）等。一般来说，纺丝系统越多，产品的均匀度也会越好，但透气性能会下降，阻隔性能会提高。

① 均匀度。在SMS非织造布中，熔喷层的均匀度通常要好于纺黏层，因而在熔喷层的衬托下，纺黏层的不均匀性会更为明显。特别是在生产有颜色的产品时，由于两种纤网的纤维细度相差很大而且存在着色差，从而使得纺黏层纤网的不均匀性会显得更为严重。因此，生产有颜色SMS产品的工艺条件要求比普通产品严格。

② 透气性或阻隔性。透气或阻隔性能是医疗卫生用产品必须考量的基本功能。在SMS产品中，影响透气性或阻隔性的主要因素：

a. M层产品。M层产品的纤维纤度、均匀性及M层纤网的定量影响了M层的透气或阻隔性能，而M层产品的透气性或阻隔性决定了SMS产品的透气或阻隔性能的高低。

b. S层产品。S层产品主要对M层起保护和加强作用，使M层避免在外力作用下被磨损、结构发生变形或破坏。S层产品的均匀度越好、纤维纤度越小，其对M层的支撑和保护作用也越显著，对提高SMS产品的阻隔性能（静水压）也会有更好的效果。

c. M层产品与S层产品的关系。M层产品的比重越大，或定量越大，亦或层数越多，SMS产品的静水压或阻隔性能也越好；相同比重或定量的M层，若配合S层产品的纤维纤度越小，均匀度越好，或定量越大，SMS复合产品的静水压或阻隔性能也越好。

（2）特点。由于在"一步法"SMS（包括后面用"二步法"生产的复合产品）生产工艺中，纤网通过用热轧工艺进行固结成布时，轧点位置的纤网在高温下黏合在了一起，形成了不透气的薄膜，如图4-3所示。同时，又有二层S布的阻隔，轧点处的透气性能是低于一层M布的，但其强度则大大高于熔喷布，且静水压也有较大的提高。

在生产卫生材料的SMS复合非织造布生产线中，所用的热轧机刻花辊的轧点面积百分比均小于20%，即SMS复合非织造布不透气部分的面积小于20%，透气面积大于80%，小于同样定量规格的熔喷布透气面积。

由于在生产过程中纺黏和熔喷多层纤网仅经过一次热轧，制得的复合产品的手感比较柔软。同时，由于产品是在生产线上一步成型，幅宽准确，卷长容易控制，损耗较低。由于是用熔体直接纺丝成网，不易受污染，产品的卫生条件也较好。

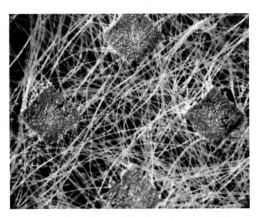

图 4-3　轧点位置的纤网变为不透气的膜片状

（3）降本原则。在实际生产中，为降低生产成本，在满足产品性能的条件下，一要尽可能采用纤维细度小、产品定量低的 S 层来替代粗旦纤维、大定量的 S 层，以节省原料的使用量；二要在使用同样定量的细旦 S 层时，适度减少 M 层的比例或定量，以减少价格较贵的熔喷原料的消耗，降低生产成本。

（二）"二步法"SMS 复合非织造布生产工艺

二步法 SMS 复合非织造布生产工艺是一种离线叠层加工复合工艺，除了用于制造 SMS 型非织造布外，还有很多扩展的用途。

1."二步法"SMS 复合非织造布生产流程

在"二步法"SMS 产品生产线中，主要的设备包括放（退）卷机，固结设备，卷绕机，张力控制系统，布卷的扩幅、展开装置等。在"二步法"SMS 型复合非织造布生产线中，固结设备可选用超声波黏合机、热轧机、或热熔胶喷胶装置。其中，热轧机是较为普遍使用的固结设备。

如图 4-4 所示，在用"二步法"SMS 复合工艺生产复合非织造布时，先将已准备好的纺黏布、熔喷布，按 S、M、S 的顺序排列放卷，然后用热轧机将三层布热轧黏合，便成为 SMS 结构的产品。

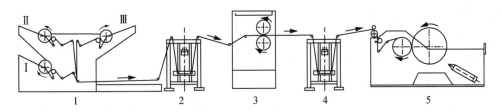

图 4-4　"二步法"SMS 复合非织造布生产线

1—退卷机，其中Ⅰ、Ⅲ工位放置 S 布，Ⅱ工位放置 M 布；2—补偿装置（也叫贮布架，用于张力控制）；
3—热轧机；4—补偿装置；5—卷绕机

2."二步法"SMS 复合非织造布生产工艺的特点

在用"二步法"工艺生产 SMS 复合非织造布产品时，其关键在于恒张力均匀放（退）卷和各层布的均匀展开。在放卷时既要使三层布保持同步放卷，还要使各层布保持合适的张紧力及在横向自然展开,从而防止重叠后出现皱折,影响产品的质量。

采用"二步法"生产复合产品进行加固时,除了采用热轧黏合外,还有涂层复合、超声波复合、热熔胶复合等多种工艺,后三种复合工艺已形成了一个专业的复合材料制造业,在产品后整理、新产品开发方面发挥重要的作用。

在用"二步法"生产 SMS 复合非织造布产品时,除了可直接使用熔喷布成品进行复合外,还可以在熔喷系统的前(上游)、后(下游)方布置成品纺黏布的放(退)卷设备,利用熔喷系统直接将熔喷纤网喷到上游纺黏布的表面,然后将下游的纺黏布覆盖在熔喷层的表面上,最后用热轧机(或其他方法)将三层布固结在一起成为 SMS 产品。

当 SMS 产品的各层纤网的定量较小时,复合后的产品可用于医疗、卫生、防护领域;当熔喷层的定量较大时,便可成为建筑隔音、隔热、保暖材料,吸油材料或汽车内饰材料。

3. "二步法"SMS 复合非织造布性能

由于在加工过程中,二层 S 布还要重复进行一次热轧,会使 SMS 产品表面的轧点会出现不规则的杂乱花纹,减少了 SMS 产品的透气面积,导致透气量下降。

在生产线热轧机的轧点形状及面积百分比都相同的状态下,在极端的(如轧点完全错位)情况下"二步法"SMS 产品的轧点面积(也就是不透气部分的面积),有可能比"一步法"大一倍,因而透气性明显变差,而且会使同一产品在不同位置的透气性出现较大的差异。

在"二步法"生产工艺中,因纤维被再次加热和轧点面积的增加,使得 SMS 产品的强力增大、断裂伸长缩小,产品变脆,手感粗硬。因此,"二步法"工艺适宜生产定量较大的($>60 \text{ g/m}^2$)的产品,而且产品不宜用于直接与皮肤接触的使用领域。而用"一步法"生产的薄型产品,其主要市场在卫生巾、医疗、劳动保护、环境保护等方面。

(三)"一步半法"SMS 复合非织造布生产工艺

所谓"一步半法"生产工艺,其本质还是"二步法"。即工艺的第一步是先(全部或部分)制成原料布,第二步才将所需的各层复合。只不过是在第二步中,有一种纤网(一层或两层)是直接纺丝成网。用"一步半法"生产 SMS 复合非织造布,在技术上可有如下两种方法。

1. 在两层 S 布间铺上一层 M 纤网

这种叫做"一步半法"的 SMS 复合工艺就是在熔喷生产系统的前后位置布置两套成品 S 布退卷装置。其中一层 S 布为底,另一层 S 布为面,中间夹着刚生产出来的 M 布,然后用热轧机将三层布固结成 SMS 结构。

在这种"一步半法"SMS 产品生产线中,主要的设备包括放(退)卷机,熔喷系统,热轧机,卷绕机,张力控制系统,布卷的扩幅、展开装置等,如图 4-5 所示。

在生产时先将底层成品 S 布放卷,利用导向辊将其压在成网机的接收表面上,在经过熔喷系统时,熔喷系统将 M 层纤网铺在其上,然后将面层的成品 S 布放卷,利用压辊将其覆盖在 M 层纤网铺上,然后用热轧机将三层布热轧黏合,便成为 SMS 结构的产品,最后用卷绕机收卷。

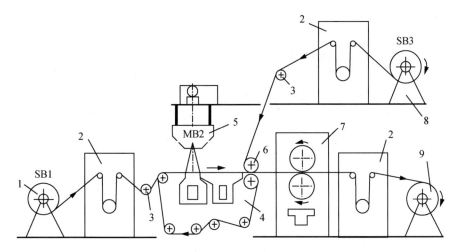

图 4-5 "一步半法"SMS 复合非织造布生产工艺流程

1—放(退)卷机底层 SB1；2—储布架(张力控制系统)；3—导向辊；4—熔喷系统成网机；
5—熔喷系统 MB2；6—压辊；7—热轧机；8—放(退)卷机面层 SB3；9—卷绕机

在用"一步半法"生产 SMS 复合非织造布产品时,其关键除了两层 S 布的恒张力均匀放(退)卷和各层布的均匀展开外,妥善解决熔喷系统溢散气流对两层 S 布的干扰对成布质量有重大影响。在放卷时既要使两层布保持同步放卷,还要使各层布保持合适的张紧力及在横向自然展开,从而防止重叠后出现皱折,影响产品的质量。

同样,当采用"一步半法"生产 SMS 复合产品时,除了采用热轧黏合外,还有涂层复合、超声波复合、热熔胶复合等多种纤网固结工艺。该工艺路线可以加工除纺黏布、熔喷布以外的其他热塑性产品。

其次,生产线中的熔喷系统,除了采用网带接收方式外,还可以用单滚筒或双滚筒接收方式。这是制造蓬松度较高的产品的一种方法。

2. 在两层 S 纤网间放入一层 M 布

在生产实践中,还曾存在过另一种也类似"一步半法"的 SMS 产品生产工艺。这种工艺利用现有的双模头生产线,在两个 S 系统之间加入一套成品熔喷布的退卷装置,当第一个 S 纺丝系统的纤网在进入第二个纺丝系统前,在其面上铺上一层成品 M 布,然后进入第二个纺丝系统,再在面上铺上一层 S 纤网,最后用热轧机固结成三层的 SMS 产品。

三、SMMS 复合非织造布生产技术

SMMS 复合非织造布属 SMS 非织造布的技术延伸。随着产品防护等级要求的提高,简单的三层 SMS 复合已经难以满足要求,要增加 SMS 产品的阻隔性能,就要在生产线中增加 M 产品的数量(如图 4-6 所示),提高 M 层纤网所占的比例。如表 4-1 所示为各种组合状态下的熔喷层所占的最高比例。

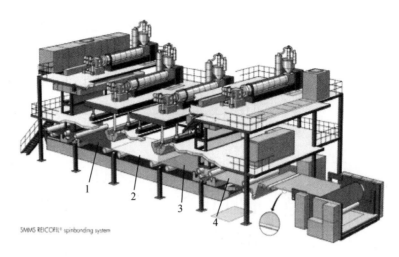

图 4-6　SMMS 型复合非织造布生产线示意图

1—第一层(底层)、纺黏纤网 S;2—第二层、熔喷纤网 M;
3—第三层、熔喷纤网 M; 4—第四层(面层)、纺黏纤网 S

表 4-1　各种组合状态下的熔喷层所占的最高比例　　　　单位:kg/h·m

序号	项　目	纺丝系统组合形式				
		SMS	SMMS	SMMMS	SMMMMS	SMMMSS
1	纺黏系统产能	200				
2	熔喷系统产能	50				
3	生产线总产能	450	500	550	600	750
4	熔喷层占比例	11.1%	20.0%	27.3%	33.3%	20.0%

　　从表 4-1 可见,每一种纺丝系统组合方案,都有一个最高产量及与其对应的 M 层含量,最高产量是所有的纺丝系统都按设计产能运行时的产量总和。

　　为了获取更高阻隔能力的产品,需要在复合非织造布中增加 M 层的比例含量。这可以通过两种方法实现:一是可以提高单 M 系统的生产能力,一是通过增加 M 模头的数量来提升 M 层的总含量。

　　在第一种情况下,M 系统的产能提升是有极限的,如果已处于最大产能运行状态,要提高 M 布在复合非织造布中的比例,只能用降低 S 系统产能的方法,但这样做就把 S 系统的产能及整个生产线的产能降低了。

　　因此,通过增加 M 系统的数量,由多个 M 系统和 S 系统组成的复合型生产线如 SMMS、SMMMS、SMMMSS 等就应运而生了。从表 4-1 中还可以看到,增加 S 系统的数量只能降低 M 层的相对含量,如 SMMMSS 和 SMMS 两种生产线,其 M 层的含量比例相当,但由于 SMMMSS 生产线中同时增加了 S 纤网的含量,对 M 层可以起到更好的支持作用,也能改善和提高产品的静水压指标。

　　M 系统的增加,除了可以充分发挥生产线的产能、生产阻隔能力更好的产品以外,在生产低定量产品时,由于 M 层的比例含量较低,M 系统喷丝孔的单孔挤出量要求较小,M 纤维的直径会更细,所形成的产品静水压和阻隔能力会更好。这就是在相同定量的条件下,多模头 SMS 复合产品质量和性能更优的原因。

另一方面,在阻隔能力要求相同的条件下,就意味着可以用定量较低的 SMMS 产品来代替定量较高的 SMS 产品,使生产成本降低,这就是 SMMS 型生产线不仅受卷材生产企业,而且也受下游制品企业青睐的原因。目前 SMMMS,SMMSS,SMMMSS 生产线已经在市场上广泛推广应用,国产设备的生产线速度可以达到 800～1 000 m/min,可以满足中高端产品的要求。

四、其他复合非织造布生产技术

复合工艺是开发新型材料的一种重要方法,也是制造功能性材料的重要手段。复合材料具有各层材料综合后的优异性能,成本方面又低于各层材料的总和,因而具有较强的市场竞争优势。除了前面列出的纺黏和熔喷非织造布的在线/离线 SMS 复合技术外,还有其他一些形式的复合技术,包括不同成网工艺的非织造布纤网复合,非织造布与其他柔性材料的复合,涂层复合,膜复合技术等。常见的有纺黏与熔喷(SM,SMS),纺黏与梳理成网(SC,SCS,CSC),纺黏与熔喷和梳理成网(SMC),纺黏与气流成网(SA,SAS,ASA),纺黏与熔喷和气流成网(SMA,SMAS),纺黏与木浆(SPS),熔喷与木浆(MP,MPM)等。在固结技术方面,除了采用传统的热轧固结工艺外,还采用针刺、水刺、超声波等方法进行复合纤网的固结成型。

注:A—Airlaid 气流成网,C—Carded 梳理成网,M—Meltblown 熔喷,P—Pulp 浆粕,S—Spunbond 纺黏。

1. 纺黏/气流成网/纺黏(SAS 或 SPS)

将纺黏纤网与气流成网的纤网复合,生产 SAS 或 SPS 型产品。这种纤网复合型式采用水刺工艺将多层纤网固结,是生产擦拭用品的重要方法。

由于纺黏法成网与气流成网两种工艺的生产速度较为接近,因此,以这种方式组合的生产线可获得很高的产量,产品有良好的吸水性能,强力大,耐磨性好;产品无需涂胶固结,使用时无尘屑,水刺固结时的绒毛纤维损失较少,对水处理系统的处理能力要求较低。

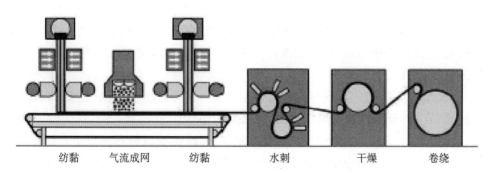

纺黏 　　气流成网 　　纺黏 　　　水刺 　　　干燥 　　　卷绕

图 4-7　SAS 或 SPS 水刺复合工艺流程图

SAS 产品具有良好的吸湿性和手感,有较高的强度,主要用作擦拭布材料;ASA 采用水刺固结,有良好的 MD/CD 强力比,湿强高,原料损耗少,产品可以用作湿巾、婴儿揩拭布、工业擦拭布等。

2. 纺黏/梳理成网/纺黏(SCS)

将纺黏纤网与梳理成网的短纤纤网复合,生产 SCS 型产品,这种复合型式既可采用水刺工艺,也可使用针刺工艺固结纤网。

3. 纺黏/熔喷/梳理成网(SMC)

将纺黏纤网与熔喷纤网、梳理成网的短纤纤网复合,生产 SMC 型产品,这种复合型式既可采用水刺工艺,也可使用针刺工艺固结纤网。

4. 纺黏/熔喷/气流成网/纺黏(SMAS)

这种复合方式是将纺黏纤网、熔喷纤网、气流成网纤网、纺黏纤网等四种纤网复合在一起,用水刺方法固结。产品具有很大的强力、很好的阻隔防护性能及吸水能力,是制作手术服、防护服、手术围裙、面罩等的常用材料。

5. 非织造布与薄膜复合(SF/SFS)

利用螺杆挤压机将其他热塑性原料熔融挤出后形成膜材料,然后与非织造布复合在一起制备高阻隔性能材料。根据实际需要,可进行一布一膜、两布一膜、三布两膜等不同形式的复合,如图 4-8 所示。

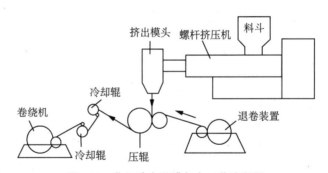

图 4-8 非织造布淋膜复合工艺流程图

第二节 纺黏和熔喷复合(SMS)生产线装备

如前面所述,纺黏熔喷复合 SMS 生产线装置包括纺黏法纺丝系统、熔喷法纺丝系统、成网机、热轧机、在线后整理系统(选配系统)、在线检测装置(选配系统)、表面缺陷检测、卷绕机、分切机等,如图 4-9 所示。

图 4-9 所示的纺黏熔喷复合生产线,根据用户的要求可任意组合生产纺黏、熔喷以及纺黏熔喷复合产品,如 SSS, M, MM, SMMS, SSMS, SMS, SSMMS 等。这是因为 M 生产线系统具有移入移出功能,可以在线与 S 系统复合工作,也可以单独离线生产熔喷(M)产品。在 2019 年和 2020 年新冠疫情防控过程中,该功能的优点得到充分发挥,为生产熔喷非织造布做出了重大贡献。

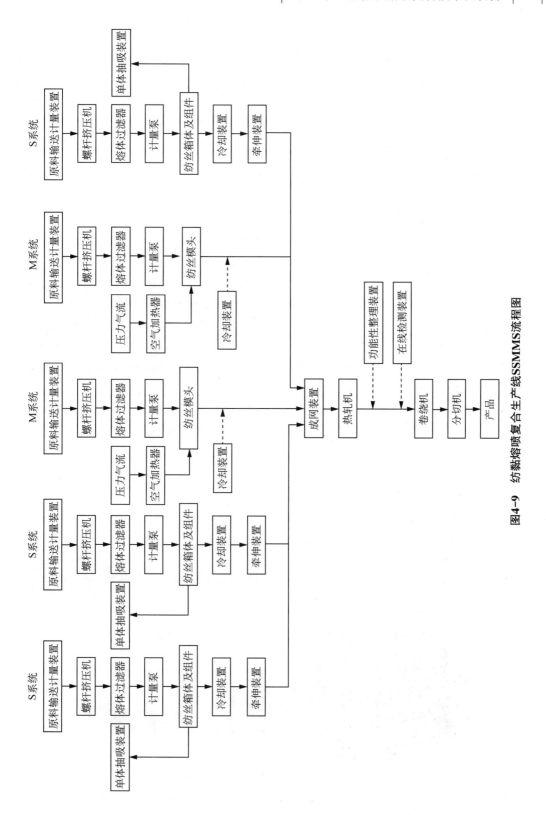

图4-9 纺黏熔喷复合生产线SSMMS流程图

在复合生产线系统中,纺黏系统、熔喷系统的配置主要受产品功能和原料的影响;而成网机的速度及网帘的选择要按纺黏和熔喷系统的数量和产能要求;热轧机和卷绕分切机的配置因产品的用途和生产线的速度不同而不同;在线检测系统(包括质量疵点检测和性能测试等)以及功能性整理装置,依据客户和产品的需要选择使用;纺黏和熔喷系统的组合,除了首末两个 S 系统外,中间的 S 和 M 系统,可根据需要进行配置,M 系统可以从 1 到 3 个,目前模头最多的 6 个系统配置为 SSMMMS。

一、SMS 复合生产线设备的两种主要类型

纺黏和熔喷复合非织造布生产线设备按牵伸工艺技术的不同,可分为狭缝气流牵伸和管式气流牵伸两种。狭缝牵伸式以德国莱芬豪舍公司为代表,其技术水平和高端市场占有率一直处于全球领先地位。图 4-10 所示的是莱芬豪舍公司典型的 SMS 复合生产线示意图,以使用 Reicofil 纺丝工艺的纺黏系统和熔喷系统为基础,共有 SMS, SMMS, SMMMS, SSMMMS 等组合形式的机型。

图 4-10 莱芬豪舍公司的 SMS 生产线示意图

生产线主要使用 PP 原料,除了普通的单组分机型外,还有双组分机型,组分原料的配对有 PP/PE, PET/PBT, PET/PE, PET/PA6 等。莱芬豪舍公司 SMS 生产线的主要技术参数如下。

(1) 产品幅宽:2 400~5 200 mm;
(2) 生产线运行速度:可达 1 000 m/min;
(3) 产品最小定量:10 g/m²;
(4) 单个纺黏系统生产能力:240 kg/(h·m);
(5) 单个熔喷系统生产能力:60 kg/(h·m)。

图 4-11 和图 4-12 分别为莱芬豪舍公司的 R4 型 SSMMMS 生产线立体图和纺丝系统图。复合生产线的技术性能指标和典型产品配比情况见表 4-2 和 4-3。

REICOFIL® 4 SSMMMS composite line

图 4-11 莱芬豪舍公司的 R4 型 SSMMMS 生产线立体图

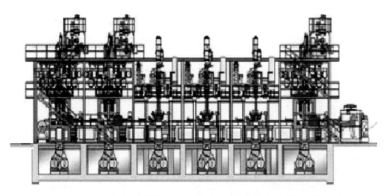

图4-12　莱芬豪舍公司R4型SSMMMS生产线的纺丝系统

表4-2　莱芬豪舍公司SMS非织造布生产线技术性能

序号	项目	单位	性能指标		
			SMS	SMMS	SMMMS
1	机型		SMS	SMMS	SMMMS
2	幅宽	mm	3 200	3 200	3 200
3	纺丝系统数量	个	3	4	5
4	纺黏纤维线密度	dtex	0.8~1.2		
5	熔喷纤维细度	μm	2~5		
6	产品定量范围	g/m²	10~80		
7	生产线速度	m/min	400	500	600
8	纺黏喷丝板孔密度	个/(m·模头)	约7 000		
9	熔喷喷丝孔密度	孔/(m·模头)	1 378		
10	生产能力	t/a	8 000	10 000	12 000
11	装机容量	kW	3 200	4 200	5 200
12	单产能耗	(kw·h)/t	1 500~1 700		
13	纺黏原料熔融指数	g/10 min	25~40		
14	熔喷原料熔融指数	g/10 min	800~1 500		

表4-3　RF4型SMMMS复合生产线典型产品结构与纤网分配

序号	产品定量 (g/m²)	各层纤网定量分配(g/m²)					比例 S：M：S
		S	M	M	M	S	
1	8	2.7		2.7		2.7	1：1：1
2	10	3.3		3.3		3.3	1：1：1
3	12	5.0	0.6	0.7	0.7	5.0	2.5：1：2.5
4	15	6.0	1.0	1.0	1.0	6.0	2：1：2
5	55	20	5.0	5.0	5.0	20.0	1.3：1：1.3

国内狭缝牵伸式的生产线以宏大研究院有限公司和温州昌隆无纺布设备公司为代表，两种生产线的结构和设备配置基本类似，见图 4-13，技术性能如表 4-4 所示。

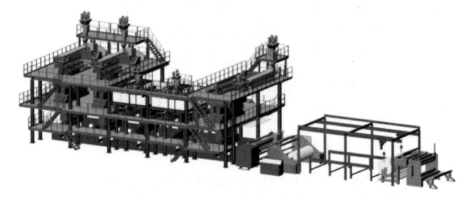

图 4-13　宏大研究院有限公司 SMS 生产线

表 4-4　国产纺熔复合 SMS 设备参数配置

序号	项　目	单位	性能指标				
1	机型		SMS			SMMS	SSMMS
2	幅宽	Mm	1 600	2 400	3 200	3 200	3 200
3	纺丝系统数量	个	3			4	5
4	纺黏纤维线密度	dtex	1.5～2				
5	熔喷纤维细度	μm	2～4				
6	产品定量范围	g/m^2	13～80				
7	生产线速度	m/min	400			500	600
8	纺黏喷丝板孔密度	个/m	5 000～7 000				
9	熔喷喷丝孔密度	孔/m	1 650				
10	纤网固结方式		热轧机				
11	生产能力	t/a	4 000	6 000	8 000	10 000	12 000
12	单产能耗	kw·h/t	1 500～1 700				
13	装机容量	kW	1 800	2 400	3 200	4 200	5 800
14	纺黏原料熔融指数	g/10 min	25～40				
15	熔喷原料熔融指数	g/10 min	800～1 500				

从表 4-2 和 4-4 可以看出，国产设备的技术水平已经接近或达到了国际先进水平。最新的 SSMMMS 复合生产线，自动化智能化水平已经达到国际先进水平，生产线速度达到 800 m/min，产品具有低克重、高均匀性、高静水压、高强低伸的特点，接近国际先进水平。

在线检测系统、自动物流运输系统、仓储管理信息系统等也得到了广泛推广应用,产品的质量和各项物理指标满足国际高端客户的需求。

管式牵伸的工艺技术以意大利 STP 公司为代表,纺黏系统采用管式牵伸技术,纤维成网采用摆片机构或其拥有知识产权的静电分丝专利技术。熔喷系统采用 Exxon 工艺并使用快装式组件。

表 4-5　STP 公司的 SMS 非织造布生产线

序号	项目	单位	性能指标	
1	机型		STPⅣ SMS	
2	幅宽	mm	1 600	3 200
3	纺丝系统数量	个	3	3
4	纺黏纤维线密度	dtex	1.5～3.5	
5	熔喷纤维细度	μm	2～10	
6	产品定量范围	g/m²	15～150	
7	生产线速度	m/min	400～600	
8	纺黏纤维密度	根/(m·模头)	约 4 800	
9	熔喷喷丝孔密度	孔/(m·模头)	1 250	
10	SB×2 生产能力	kg/h	525	1 050
11	MB×1 生产能力	kg/h	110	200
12	SMS 生产能力	kg/h	625	1 250
13	纺黏原料熔融指数	g/10 min	35～50	
14	熔喷原料熔融指数	g/10 min	700～1 000	

注:纺黏系统产量按定量大于 30 g/m² 的产品计算;SMS 产品的产量按 30 g/m²(20/10/20)的比例产品计算。

二、多模头 SMS 复合生产线设备

纺黏法纺丝系统、熔喷法纺丝系统涉及的装备已经在前面章节介绍,这里不再详述。需要指出的是,多模头纺熔复合生产线系统,不是几个纺黏和熔喷系统的简单组合和叠加,而是一个有机的整体。除了单系统的设备配置要满足生产要求,生产线还要从终端产品要求入手,进行系统设计,特别是复合生产线中的共性通用生产系统,如原料供给系统、公用工程、控制系统、产品物流输送系统、成网系统、在线检测系统、分切卷绕系统等都要满足生产线一体化设计的要求。

1. 供料系统

在供料系统方面,采用称重式计量系统,将多种原料按比例均匀混合,其中辅料配比可从 20%～0.1%任意调节,实现全程自动上料和均匀混合;自动生成工艺参数报表,包括原料配比和用量、产品产量、所有工艺速度、温度、压力等参数,同时也可对产品检测指标进行记录存储和调用;系统还可实现原料用量实时查询,故障缺料及时报警等,大大减少用工数量

和工人劳动强度。

2. 控制系统

在控制系统方面,采取基于 PROFINET 工业以太网的数字化控制系统,所有智能控制单元在同一个以太网网络中,实现快速可靠的数据传输,同时通过智能网关无线连接功能或直接接入用户内部互联网,实现设备互联互通、远程运维、订单管理、自动排刀、自动包装等功能,实现非织造成套装备生产线的智能控制,如图 4-14 所示。

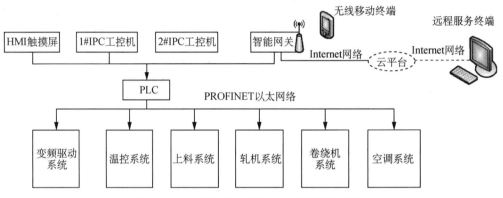

图 4-14   纺熔复合非织造布控制系统构架图

在该控制系统中,设备的运行状态可实现实时监控,数据在工控机上实时显示,并可进行提前预警,保障生产线的高速、安全和稳定运行。同时利用云平台技术,可实现远程监控、远程操作人机界面、远程调试 PLC 程序、变频器参数修改、故障诊断,可快速高效远程处理生产线运行出现的问题,尤其是极大方便了对国内外客户的售后服务和故障处理。

图 4-15   纺熔复合生产线物流自动化系统

系统采用模块化设计,按单元分块化处理,分为成网系统、纺黏系统、熔喷系统、操作台系统等模块,提高了系统稳定性、降低了维护成本。

3. 分切机自动排刀系统

分切机刀具的排布要满足最终产品幅宽的要求。自动排刀系统,只需在控制面板上输入分切产品的宽度,系统就可以将刀具移送到相应的位置,实现分切刀的快速调整,显著降低刀具排布时间,提高生产效率。

4. 布卷物流自动化系统

布卷分切后的称重、包装和运输,是非织造布生产中需要人工最多的工序。物流自动化系统应用自动包装机,布卷分切完成后可实现自动运输、自动称重、自动打印和粘贴标签、自动码垛等流程,有效降低了生产线用工,见图 4-15。

5. 成网机设计

在成网机设计方面,由于纺熔复合生产线多个系统的融合叠加,流程加长,生产线速度提高,对成网机提出了更高的设计要求,特别是在高速状态下要保持成网机运行的稳定性和成网的均匀性,既要具备恒张力控制能力,还要具备系统纠偏能力,如图 4-16 所示。

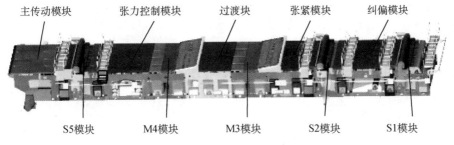

主传动模块　　张力控制模块　　过渡块　　张紧模块　　纠偏模块

S5模块　　M4模块　　M3模块　　S2模块　　S1模块

图 4-16　高速成网机示意图

高速成网机主要由网帘传动装置、纺黏处抽吸风箱装置、熔喷处抽吸风箱装置、自动纠偏装置、张紧装置、预压辊、托网辊、网帘、喂入辊、过渡辊及机架等组成。高速运行时要求设备本身的稳定性好,安装在机架上的辊子需准确定位,辊子的动平衡精度要高,轴承的选型要准确,减少震动对成网效果的影响。

为了满足高速运行,高速成网机采用整体墙板式模块化设计,选择高速高精度轴承并轴承内设置了自动润滑装置,方便日常维护,提高设备开机率和生产效率。

为了提高设备稳定性和纠偏效果,在长网帘时可以配置 2 套自动纠偏装置及 2 套张紧装置。自动纠偏装置采用气动纠偏,并设置纠偏故障自停保护功能。网帘偏离中心位置时,探测器随网帘摆动,一个纠偏气囊通气,推着纠偏辊移动,驱使网帘移回中心位置;张紧装置采用气动张紧;预压辊采用外循环热油加热。

纺黏处的抽吸风箱为抽屉式吸风箱,设置主、辅吸风区,保证成网均匀,有效防止翻网及缠辊,同时方便维护、清理;熔喷处的抽吸风箱也设置主、辅吸风区,保证成网均匀并有效防止翻网及纵向裂网,主吸风处的托网密封板为可调式,以保证托网密封板的顶面与网面接触或间隙在整个幅宽方向的一致。此外,为减少环境气流的干扰、减少高速运行时的异常翻网,系统还在预压辊区域设置独立的辅助抽吸装置,保障纤网随网带高速运行。

为了降低网带的工作张力,保持不同位置网带透气量的均匀性,接收成网设备采用多电机传动方案,即除了功率较大的主传动电机以外,各纺丝系统的压辊、支承辊都采用独立电机驱动,既降低了靠近主驱动辊网带工作面的最大张力,又能使各纺丝系统网带透气量保持一致,有效地改善了产品的均匀度。

同时,由于 SMS 复合生产线的网带长度较大(如国内的网带长度已大于 70 m),为了避免网带在纺丝系统出现故障时,被喷出的熔体污染、损坏,需要设置应急保护装置,在系统出现意外时,隔断熔体,保护网带,如图 4-17 所示。通常是一块专门设计的挡板,在系统出现意外时,挡板迅速插入到喷丝板与网带之间,承接从喷丝板滴落的熔体,避免网带受到污染。应急保护装置一般装在熔喷系统的上游方向,如图 4-18 所示。

6. 节能降耗

在节能降耗设计方面,通过优化管路设计降低抽吸风机转速以降低风机能耗;通过优化设计纺丝模头保温外壳和隔热板,减少纺丝系统的热量交换,降低温度损耗;工艺空调系统充分利用抽吸回风的热能和冷量,降低能耗;此外,通过纺丝工艺优化设计和装备结构设计,纺丝和抽吸风机可实现最优配置,有效降低生产能耗。

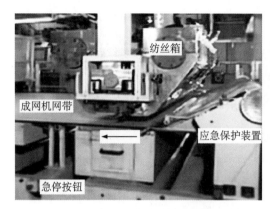 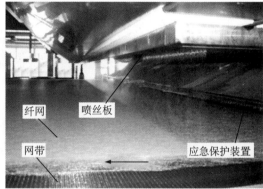

图 4-17   SMS 生产线接收成网设备的应急保护装置　　图 4-18   SMS 生产线熔喷系统的应急保护装置

参考文献:

[1] 柯勤飞,靳向煜. 非织造学[M]. 上海:东华大学出版社,2016.

[2] 刘玉军,张军胜,司徒元舜. 纺黏和熔喷非织造布手册[M]. 北京:中国纺织出版社,2014.

[3] 迈切里 W. 塑料橡胶挤出模头设计[M]. 李吉,王淑香,译. 北京:中国轻工业出版社,2000.

[4] 郭合信,何锡辉,赵耀明. 纺黏法非织造布[M]. 北京:中国纺织出版社,2003.

[5] 阿达纳 S. 威灵顿产业用纺织品手册[M]. 徐朴,等,译. 北京:中国纺织出版社,2000.

[6] 刘玉军,张金秋. 我国纺熔复合非织造布生产线的现状、创新与发展[J]. 产业用纺织品,2011(11):1-4.

[7] 司徒元舜,麦敏青. 国产 SMS 非织造布生产设备的发展[J]. 纺织导报,2012(1):84-90.

[8] 刘玉军,吴忠信,韩涛. 国内外纺丝成网非织造布技术现状与发展趋势[R]//2006/2007 中国纺织工业技术进步研究报告. 北京:中国纺织信息中心,2006.

[9] 司徒元舜,李志辉. 熔喷法非织造布技术[M]. 北京:中国纺织出版社,2022.

[10] WADSWORTH L C. 纺黏和熔喷先进技术和产品介绍[C]//中国第十五届(2008 年)纺黏和熔喷法非织造布行业年会论文集. 广州:中国产业用纺织品行业协会纺黏法非织造布分会,2008.

[11] GEOS H G. 纺黏和熔喷技术的未来[C]//中国第十五届(2008 年)纺黏和熔喷法非织造布行业年会论文集. 广州:中国产业用纺织品行业协会纺黏法非织造布分会,2008.

[12] 靳向煜. 中国纺织大学非织造工艺技术研究论文集[C]. 上海:中国纺织大学出版社,1997.

[13] 卢福民. 纽马格的纺黏和熔喷技术[C]//2006 年全国纺黏和熔喷法非织造布行业年会论文集. 广州:中国产业用纺织品行业协会纺黏法非织造布分会,2006.

[14] WILKIE A. 希尔斯开放式纺黏系统[C]//中国第十五届(2008 年)纺黏和熔喷法非织造布行业年会论文集. 广州:中国产业用纺织品行业协会纺黏法非织造布分会,2008.

第五章
纺黏和熔喷非织造布生产线的运行调试

运行调试是生产线连续开车运行之前的重要环节,也是检验生产线设备、工艺、系统、工程、管理等全流程生产要素质量和技术水平的重要环节。科学的工艺参数、规范的操作流程、熟练的操作人员是生产线稳定运行的重要保证。

第一节　纺黏非织造布生产线运行调试

纺黏非织布生产线根据原料的不同,成网工艺和运行调试的方法会有所不同,但工艺原理和操作流程基本是一致的,分为纺丝系统升温、排料、组件安装、排丝、生产调试、停机、组件拆卸和后处理等流程。

一、纺丝系统升温

纺黏系统首次从冷态启动时,要对系统各单元包括螺杆挤压机、熔体过滤器、熔体管道、计量泵、纺丝箱体等进行传动方向、电气元件、控制系统检查,然后进行升温前的温度整定、系统全面升温和管道热紧等工作。

(一) 纺丝系统升温

(1) 在检查环境安全、加热区域无危险源、具备紧急情况处理措施后,接通系统所有加热电源,启动加热按钮。

(2) 开启工艺冷却水循环水泵,设定工艺冷却水温度 15 ℃。

(3) 检查螺杆挤压机进料口处水循环以及计量泵冷却水循环处于正常状态。

(4) 对各加热区进行热整定。以 PP 原料为例,为避免各区温度加热时出现过冲现象,按照 50 ℃～80 ℃～120 ℃～150 ℃～180 ℃～210 ℃～230 ℃ 等多个阶段进行温度设定,当每个阶段的温度到达设定值后保温 30 min 进行整定,然后再进入下一阶段,直到所需工艺温度。升温过程中为防止原料在进料口过早融化造成环结料,当设定温度超过 180 ℃时,各区应进行不同的温度值设定,第一区至第六区的最终温度设定值分别为:190 ℃～210 ℃～230 ℃～230 ℃～230 ℃～230 ℃。

(二) 熔体管道热紧

为防止熔体管道在升温过程中发生热膨胀产生间隙造成漏料,需要在初次升温时对熔体管道的所有连接法兰进行热紧。

(1) 热紧温度控制。当各加热区温度到达 180 ℃后进行保温 30 min,对管道各法兰进行第一次热紧;温度达到 210 ℃后保温 30 min 进行第二次热紧;第三次热紧的温度要高于工艺温度 30 ℃。

(2)热紧过程控制。热紧操作必须是在所有加热元件断电情况下进行,并要专人负责监控加热启动按钮,避免误操作。

热紧前要佩戴高温手套拆除妨碍热紧的加热元件并做好标记;热紧时要采用对角交替紧固螺栓,法兰缝隙要保持一致;第一次热紧完成后将所有加热元件安装复位,再开始下一阶段的升温操作,直至第三阶段热紧完成。最后一次操作时,还要同时对所有安装在熔体管道上的温度传感器安装座、压力传感器和爆破阀等进行热紧。热紧完成后,如需进行排料可将加热温度设定为 210~220 ℃,如无排料计划可将各区温度设定为 150 ℃进行保温或断电。

新建设的生产线熔体管道在安装时可能会残留油渍杂质,在首次使用时要进行排料冲洗。

二、排料

(一)排料前准备

(1)将温度升至工艺设定值。纺黏产品的工艺温度值一般为 225 ℃~235 ℃。在排料冲洗管道时,温度可稍低于纺丝工艺温度,一是升温时可以较快地达到设定温度和降低到装板所需温度,二是熔体的黏度更有利于将管道内杂质带出。

(2)原料准备。原料的牌号、熔指(纺黏原料熔指 30~35)等要符合要求且数量充足。原料通过上料系统输送至混料机储料斗,保持上料系统处于开机状态。

(3)将侧吹风箱推至两侧远离模头,如果此时已经安装了蜂窝板,应在排料前将蜂窝板进行遮挡保护。

(4)在牵伸器的上方放置接料挡板并在挡板上喷雾化硅油,将挡板存在的间隙堵住,防止熔体从缝隙流入牵伸器。

(5)使用过滤器自带遥控板对过滤器推出推进动作进行试验,确保柱塞与按键动作一致。如无动作或动作错误,需要对加热温度、电气元件、电磁阀或液压油管连接进行检查,避免强按遥控板强推柱塞可能引起的油管强压爆破、缸体拉杆拉断问题。

(6)过滤器安装正确推拉正常后,将过滤网较粗的一面朝向过滤器、较细的一面朝向螺杆,放置好过滤网。

(二)排料流程

(1)在滤后压力表上将螺杆运行控制方式切换到"手动"状态,打开螺杆挤压机上方进料闸板,使原料进入螺杆挤压机。

(2)启动计量泵。初次使用计量泵时,因管道内没有原料填充,为防止计量泵空转干磨,应设定计量泵的转速为 0 转/分。

(3)启动螺杆。设定转速输出为 10%额定值。使螺杆缓慢运转,观察原料是否随螺杆运转缓慢进入。螺杆第一次运转由于没有原料填充,杆芯和套筒在运转时会发出摩擦声响,此时如果螺杆主电机电流明显升高,务必停止运行,等待原料进一步融化,增加筒内润滑。多次启停直至原料完全填满螺杆内腔,异响消失后再正常运行螺杆。

（4）螺杆正常运行后，观察滤前滤后压力，当压力明显上升，滤后压力大于 0.5 MPa 时，重新设定计量泵转速为 5 r/min。当滤前滤后压力接近于设定压力（通常为 5 或 6 MPa）时，将螺杆运行控制方式由"手动"切换为"自动"。

（5）观察纺丝箱体是否有烟气或熔体流出。在模头流道表面喷雾化硅油。计量泵在转速 5～50 r/min 之间反复升降，冲洗管道。

（6）启动回收螺杆，使用边料回收布对回收螺杆进行清洗。当模头流出熔体颜色清亮透明无杂质时，停止回收螺杆运行，计量泵转速降为 5 r/min。

（7）螺杆运行控制方式切为"手动"并调整螺杆运行输出频率至 10% 后停止螺杆运行。

（8）保持计量泵运行 10～20 min，尽量排空管道及纺丝箱体内残留熔体后停止计量泵。

（9）将所有加热区温度设定为 180 ℃。在降温过程中不断对模头流道残留熔体进行擦拭。待温度降低，熔体流动性变差后清理完成。

三、组件安装

（1）将已经组装好的纺丝组件吊至专用换板升降车上，置于模头下方。检查过滤网位置，避免过滤网移位导致组件安装漏料。

（2）缓慢升高升降车，纺丝组件靠近模头时使用定位杆拧入模头安装孔。进一步升高换板车，使纺丝组件贴合模头安装面，并确保纺丝组件处于模头正中位置。

（3）从纺丝组件中间位置向两边手动拧入螺栓，使用 80 N·m 力矩扳手进行预紧，将升降车下降后移出。

（4）设定模头温度为 200 ℃ 并加热纺丝组件。拧入所有螺栓，使用力矩扳手进行热紧。热紧时从中间向两侧交叉拧紧螺栓。

（5）热紧温度及力矩参考。第一次：模头温度 200 ℃，80 N·m 力矩，热紧完成后模头升温至 230 ℃；第二次：模头温度 230 ℃，120 N·m 力矩，热紧完成后模头升温至 250 ℃；第三次：模头温度 250 ℃，160 N·m 力矩，热紧完成后模头降温至 230 ℃。

四、排丝

纺丝组件安装完成后，立即进行排丝操作，防止安装过程中流入喷丝孔的熔体长时间高温老化分解而堵塞喷丝孔。

（1）检查出丝情况。喷丝孔开始出丝时，由于孔内老化料率先排出以及纺丝组件受热不匀导致的出丝不正常，可能会局部出现冒烟或不出丝的情况，可反复升降计量泵转速进行排丝冲洗，并及时清理喷丝板面、开启单体抽吸风机，保持喷丝板面清洁。

（2）检查出丝孔。排丝半小时后，对喷丝孔进行检查，对于出现歪丝、滴料的喷丝孔使用 HB 铅笔将喷丝孔堵住，避免在生产中造成更大质量问题。

（3）安装两侧观察窗。在每个喷丝孔出丝正常后，安装好两侧的观察窗。此时纺丝系统已经具备投产条件，维持计量泵低转速运转保持出丝正常，便于按开机计划进行生产。

五、生产调试

(一) 调试准备

(1) 生产调试前要保证所有系统完成联机调试,具备生产线连续运转条件。

(2) 原料准备充足,满足连续生产要求。

(3) 各岗位工作人员已经过技术和安全操作培训,胜任岗位工作要求。

(二) 生产线参数设定

若生产线有多套纺黏系统,一般先从远离轧机的一套系统开始进行设备的参数设定工作,开机前的参数设定值如表 5-1 所示(以 PP 原料为例):

表 5-1 开机前的工艺参数设定值(PP 原料)

项目	工艺内容	工艺参数
1	纺丝温度	225～235 ℃
2	空调温度	12～15 ℃
3	纺丝压力	5 MPa
4	开机初始速度	20 m/min
5	预压辊温度	100～105 ℃
6	轧机温度	130～140 ℃

(三) 开机流程

(1) 将扩散风道推入生产位并固定。平向补风结构中扩散风箱与牵伸器之间补风口多为敞开式,无气囊结构;切向补风结构中扩散风箱上端增加气囊密封,扩散风道推入在线位后需要对气囊进行充气密封。

(2) 启动成网机。设定运行速度 20 m/min,开启抽吸风机 300 r/min(如有辅助抽吸风机应同时开启),压下预压辊。

(3) 放置引布。将引布放入成网机,经成网机牵引穿过热轧机、卷绕机。

(4) 闭合热轧机。使用浮动压力将热轧机闭合,设定浮动压力为 30 N/mm。

(5) 调节引布张力。提高卷绕机速度以增加引布张力,防止布面太松缠进热轧机。张力调整完成后保持生产线运行。

(6) 检查喷丝板出丝情况。再次升降计量泵转速以检查喷丝板出丝情况,使用铲刀铲净喷丝板表面单体。

(7) 放丝进入牵伸器。收到放丝指令后,使用铲刀铲断纤维,打开牵伸盖板使丝落入牵伸器。

(8) 闭合并锁紧侧吹风箱,并对进风口气囊充气密封。

(9) 开启送风风机。设定计量泵转速 10 r/min,送风机转速 500 r/min。上下双层送风结构的侧吹风箱应同时开启上下送风机并设定参数。

(10) 纺丝工艺调整。观察纺丝室内出丝情况,同步提高计量泵、送风机、抽吸风机、单体抽吸风机转速。为避免纺丝室内纤维抖动和拉断现象,转速按 50～100 r/min 的幅度逐步提高,越接近工艺参数,越要减小提高幅度,直至获得稳定的纺丝环境。

(11) 其余系统放丝。第一套系统完成放丝后,依次进行第二套、第三套系统的放丝工作,待所有系统放丝完成后将引布切断,清理开机过程中滴落在网帘上的料块及挂丝。

(12) 热轧机调试。生产过程中,热轧机速度、卷绕机速度和成网机速度为联动状态,热轧机的速度调整只需要改变成网机速度。

提高成网机速度,当热轧机速度大于 50 m/min 时,切换至工艺压力和工艺温度状态。

(13) 布面表观质量观察。生产线运行速度提高时要观察布面质量情况,布面松弛时应加大张力,布面收缩严重时应降低张力;同时要观察纺丝情况,若有疵点影响布面质量,则要对抽吸风机转速进行调整。

(14) 样布检测及工艺优化。在生产线到达工艺速度并稳定运行后,对换卷布样进行取样检测物理指标,根据检验结果对生产线工艺进行确认和优化。

六、停机

(一) 临时故障停机

1. 生产过程中后纺设备(如卷绕机或整理机等)出现故障时

(1) 使用"一键降速"功能对生产线进行降速。

(2) 停机人员在热轧机处将布切断,手动拖拽防止未经卷绕的布卷入轧机。

(3) 将卷绕机或整理机切换为手动状态并停止运行。

(4) 维修人员对后纺设备故障处理完成后再次穿引开机提速。

2. 生产过程中前纺设备(轧机或成网机等)出现故障时

(1) 使用"一键降速"功能对生产线进行降速。

(2) 降速后快速在成网机尾部放入引布对网帘进行保护。

(3) 有熔喷系统的复合生产线要同时升高熔喷系统 DCD 将熔喷系统离线。

(4) 将侧吹风箱密封气囊放气,停止送风机,打开侧吹风箱后快速切断纤维,将盖板放置于牵伸器上口。

(5) 再次降低计量泵转速至 3 r/min 保持出丝。

(6) 停止所有传动设备(当成网机低于某转速或停止时,轧机自动分辊,卷绕机自动停止)。

(7) 扩散风箱密封气囊放气并离线。

(8) 进行故障排除,等故障排除后再次按"开机流程"进行开机。

(二) 长时间故障停机

当生产过程中遇到较大故障、进行停机维护需要较长时间的停机时,按正常流程停机:

(1) 螺杆运行切换为"手动"。

(2) 停止螺杆、计量泵运行。

(3) 加热区温度设定为 150 ℃保温。

(4) 轧机降温至 80 ℃保持运行,预压辊降温。

为保障良好的出丝效果,也可维持螺杆、计量泵低速运行,保持喷丝孔出丝顺畅,但会产生一定数量的废丝。

(三) 长期或换板停机

生产线完成生产任务或换板时,需要按以下流程进行操作:

(1) 先将螺杆挤压机的入料口阀门关闭,低速运行 30 min,然后将螺杆运行切换至手动状态继续保持螺杆、计量泵运行,将熔体管道及模头内熔体排空。

(2) 滤前滤后压力小于 1 MPa 后停止螺杆、计量泵运行。

(3) 换板时各加热区温度设定为 180 ℃,清理流道后更换纺丝组件。

(4) 长期停机时所有温度设定为 50 ℃,并切断电源停止加热。

(四) 紧急停机

生产线运行中遇到停电或发生安全事故时,需要紧急停机处理安全事故,同时应按停机流程快速进行开箱及网帘保护工作。

生产线运行中发生安全事故时,需要就近按下急停按钮。急停按钮有"全线停机"和"传动停机"两个权限。按下"全线停机"按钮时,整条生产线所有传动设备、加热系统全部停止运行。按下"传动停机"按钮时,仅停止传动设备,如成网机、轧机、卷绕机等。人为按下急停按钮后,先对安全事故发生点进行救援查看,排除危险后,对设备维护清理。

七、组件拆卸及后处理

生产线运行过程中当模头压力超过 7 MPa 的最大使用压力、喷丝板出现大面积出丝不良或需要更换喷丝板时,需要对纺丝组件进行拆卸和处理。注意在操作前要停止原料喂入,排空纺丝系统,尽量减少原料残留,减少添加物高温碳化。

(一) 拆卸

(1) 工具准备:升降换板车、气动扳手、力矩扳手、防护面罩、高温手套、铜铲刀、雾化硅油、导向杆、内六角扳手、尖嘴钳、铜刷等。

(2) 拆下两端观察窗,挡住牵伸盖板缝隙防止熔体落入牵伸器。做好蜂窝板防护防止撞伤。

(3) 拆除固定螺栓。将组件固定螺栓仅保留两端和中间各 4 条,同时要避开升降车的支撑点。将拆下的螺栓使用铜刷清理干净,并重新涂抹高温抗咬合脂备用。

(4) 组件托顶。模头温度设定为 180 ℃,将升降车推入模头下方,升高后顶住组件。

(5) 组件移出。拆掉预留螺栓,待组件落入升降车后将升降车下降移出模头组件。

(6) 模头流道清理。使用铜铲及清洁布清理模头流道,确保流道内壁干净,尽可能减少熔体残留,着重清理附着于流道内壁的黑色碳化物,避免进一步堆积影响流体分配。

(二) 拆解

纺丝组件需在拆下的第一时间进行分拆工作。

(1) 取出纺丝组件的过滤网、密封条、分配板和喷丝板连接螺栓。

(2) 将分配板和喷丝板分离,拆除分配板和喷丝板之间的密封条。

(3) 将分配板进行翻转后铲净表面熔体。

（4）用同样的方法将喷丝板翻转清理。

（5）拆解后的组件进行煅烧处理。

（三）煅烧

1. 组件入炉

（1）将拆解后的组件运至煅烧清洗间，使用吊具将喷丝板及分配板吊入煅烧炉内。

（2）以圆筒式真空煅烧炉为例，纺丝组件平放时每次只能煅烧一块喷丝板或分配板，注意摆放时喷丝孔面朝上放置，避免喷丝面与支撑点接触碰伤板面。

（3）纺丝组件立放时每次可以煅烧四块喷丝板或分配板，每块板之间保留 50 mm 间隔以保证煅烧效果。注意在立式摆放时，需要提前准备可拆卸式固定板材的支架，并在支架上做必要防护，防止板材吊入吊出时损伤板面。

（4）禁止煅烧没有经过拆解的纺丝组件。

2. 组件煅烧

（1）煅烧炉密封检查。将煅烧托架推入煅烧炉内，锁紧炉盖，检查是否密封以保证真空泵抽吸真空度。正常煅烧时真空泵的真空度为 $-0.06\sim0.08$ MPa。

（2）煅烧炉加热。开启煅烧炉的加热功能，真空泵设定为自动运行，检查冷却水流量，水压要大于 0.25 MPa。

（3）组件煅烧。设定完成后，煅烧炉按内部控制程序自动进行组件煅烧，直至煅烧流程结束。

（4）煅烧效果检查。煅烧完成后自然降温，低于 100 ℃时打开炉盖进行煅烧后组件的表面检查。表面残留物为灰白色粉末状时，煅烧效果较好；如果表面残留物呈现灰色或黑色焦化物状，则煅烧效果不好，需要分析查找原因，处理问题后再次进行煅烧。

通常影响煅烧效果的因素：一是加热元件，二是煅烧时间，三是炉体密封。

（四）清洗

1. 清洗准备

（1）煅烧炉内温度降为 100 ℃后，打开炉盖继续降温。

（2）组件降温过程中，将超声波清洗机加入纯水和清洗剂，有加热功能的清洗机，加水完成后开启加热并放入清洗剂。

（3）超声波加热达到设定值，将组件吊至超声波清洗机内水平放置，喷丝板的出丝面朝上。清洗机水位高于喷丝板面约 20 mm。

2. 清洗要求

（1）设定超声波的震动强度，设定清洗时间为 2 h，启动超声清洗功能。

（2）超声波清洗完成后，用清水将板面残留的清洗剂或污水冲洗干净，将组件吊出清洗机，使用压缩空气反复吹干。

3. 喷丝板检验及存放

（1）将喷丝板吊到检板台，开启下方光源，检查喷丝板的透光度是否均匀一致，使用检板针对透光不好的喷丝孔进行疏通清理。

（2）检孔完成再次清洗后吹干备用。如果暂时不组装，需要在组件表面喷雾化硅油后包装,防止长期不用出现锈蚀。

(五)组装

(1)准备组装工具:力矩扳手、内六角扳手、美工刀、橡胶锤、过滤网、聚四氟乙烯密封条、连接螺栓、高温抗咬合脂、胶水、吊具。

(2)将分配板与喷丝板对接的一面密封槽朝上放置于组装台上,底下用经过包裹的方木垫高。

(3)将密封条一端切成45°斜面环绕密封槽一圈,另一端同样切成45°角后对接。

(4)对接面的密封条敲入后,将分配板进行翻转。用同样的方法将该面密封条敲入。此时分配板上下两面均已敲入密封条,且对接面朝下。

(5)将喷丝板出丝面朝下放置,底下用经过包裹的方木垫高。将分配板缓慢落到喷丝板上,并将安装孔对齐。用已经涂抹抗咬合脂的螺栓进行固定。

(6)将过滤网放于分配板凹槽内,放置时注意检查过滤网的正反面,使过滤网较粗的一面超下放置。

(7)组装完成后的纺丝组件,如暂无使用计划,需要喷硅油,并用塑料膜缠绕包装。

第二节　熔喷非织造布生产线运行调试

一、熔喷系统升温

同纺黏非织造生产线系统升温相同,熔喷系统首次从冷态启动时,也要对包括螺杆挤压机、熔体管道、计量泵、纺丝箱体等各单元进行检查,具备条件后进入升温流程。

(一)纺丝系统升温

(1)将熔喷平台处于离线位,在保证安全的前提下接通电源启动加热按钮。

(2)开启冷却水循环水泵,设定水温15℃,检查螺杆挤压机进料口及计量泵冷却水循环处于正常状态。

(3)加热区分阶段进行热整定,各阶段的温度设定参考值:50 ℃～80 ℃～120 ℃～150 ℃～180 ℃～210 ℃～230 ℃～260 ℃,各阶段到达设定值后保温30 min进行整定,然后进行下一阶段的温度设定和整定。

(4)螺杆温度设定,在设定温度超过180 ℃时,第一区至第六区的温度最终设定值分别为190 ℃～210 ℃～230 ℃～260 ℃～260 ℃～260 ℃。

(二)熔体管道热紧

(1)热紧温度控制。各加热区温度到达180 ℃后保温30 min,对熔融管道各法兰进行第一次热紧;达到230 ℃后保温30 min进行第二次热紧;第三次热紧的温度要一般要高于工艺温度30 ℃进行。

(2)热紧过程控制。参见第一节纺黏生产线热紧过程控制。

二、排料

排料过程与纺黏生产线也相类似,包括排料前准备和排料过程两个部分。

（一）排料前准备

该项操作与纺黏系统一致，只是原料选择要满足熔喷生产工艺要求，一般熔喷用原料的熔指 MFI＝1 400～1 500。

（二）排料流程

(1) 将螺杆运行控制方式切换为"手动"状态。

(2) 打开螺杆挤压机上方进料闸板，使原料进入螺杆挤压机。

(3) 启动计量泵，设定计量泵的转速为 0 r/min。

(4) 启动螺杆。设定螺杆转速 10%额定值缓慢运转，观察原料是否随螺杆运转缓慢进入。观察滤前滤后压力，当压力明显上升，滤后压力大于 0.5 MPa 时，设定计量泵转速为 5 r/min。滤前滤后压力稳定升高接近 2 MPa 时，将螺杆运行控制方式切换为"自动"。

(5) 在模头流道喷雾化硅油。计量泵 5～40 r/min 反复升降冲洗管道。

(6) 观察模头流出熔体，颜色清亮透明无杂质，计量泵转速降为 5 r/min。

(7) 螺杆运行控制方式切为"手动"并调整螺杆运行输出频率至 10%后停止螺杆运行。

(8) 保持计量泵运行 10～20 min，尽量排空熔体管道内残留熔体，停止计量泵。

(9) 将所有加热区温度设定为 150 ℃。降温过程中不断对模头流道残留熔体进行擦拭。模头不再有熔体滴落时，清理排出的废料。

三、组件安装

(1) 将组装完成的熔喷纺丝组件吊至升降车支架上（暂不拆除包装），升降车推入模头下方，接通升降车电源。

(2) 升高升降车前再次清理模头流道和流道两侧的热风腔，确认组件过滤网无移位。

(3) 缓慢使升降车上升并逐渐调整升降车的位置，使纺丝组件处于模头正中。当组件接近模头时除去纺丝组件顶面保护膜，将定位杆拧入模头安装螺孔。

组件沿导杆上升至顶面与模头完全贴合时检查安装螺孔的位置，对正中间螺栓，保持两边螺栓错位朝向一致，避免出现组件偏向模头同一侧无法安装螺栓。

(4) 从组件中间向两端拧入安装螺栓，使用 60 N·m 力矩扳手紧固，升降车下降并移出。

(5) 开启风机，设定转速 300 r/min；开启加热罐调节加热温度设定 150 ℃，当螺栓全部手动拧入后使用 120 N·m 力矩从组件中间向两侧交叉进行热紧。

(6) 热紧温度及参考力矩值。第一次：模头温度 150 ℃，120 N·m 力矩，热紧完成后模头及热风温度升温至 230 ℃；第二次：模头温度 230 ℃，150 N·m 力矩，热紧完成后模头及热风温度升温至 280 ℃；第三次：模头温度 280 ℃，180 N·m 力矩，热紧完成后模头降温至 260 ℃。

四、排丝

为防止熔体因长时间高温导致老化分解堵塞喷丝孔，热紧完成后应立即按"排料流程"进行排丝。

（1）喷丝孔开始出丝后反复升降计量泵转速以通过排丝进行喷丝孔冲洗工作。

（2）使用0.8 mm厚度铜片斜向插入气道横向拉动清理喷丝孔,使用手电观察所有出丝孔出丝均匀无堵塞。

（3）排丝正常后将计量泵设定2～3 r/min保持出丝状态。

五、生产调试

(一) 调试准备

（1）熔喷生产线在生产前,应完成成网机、卷绕机、分切机等系统的单机联机调试。

（2）纺熔复合生产线中的熔喷系统在生产前,需完成纺黏系统的排丝、主成网机、热轧机、卷绕机等单机联机调试。

（3）原料准备充足,满足连续生产要求。

（4）各岗位人员具备上岗工作要求。

(二) 生产线参数设定

熔喷生产线开机运行前需要进行工艺参数的设定,表5-2为PP熔喷生产线的生产工艺参数设定值。

表5-2　熔喷生产线开机前的工艺参数设定值(PP原料)

项目	工艺内容	工艺参数
1	纺丝温度	250～270 ℃
2	纺丝压力	2 MPa
3	计量泵转速	10～30 r/min
4	热风温度	260～300 ℃
5	送风速度	工艺调节范围1 500～2 500 r/min
6	抽吸速度	工艺调节范围1 100～1 350 r/min
7	成网速度	10～30 m/min
8	卷绕机转速	卷绕机与成网机联动
9	DCD距离	调节范围100～400 mm
10	驻极丝与辊面距离	70～90 mm

(三) 开机流程

（1）开机前检查出丝情况,再次用铜塞尺清理喷丝板气缝。

（2）喷丝正常后,将熔喷平台移动至在线位(单熔喷生产线中,部分生产线厂家采用模头固定,成网机可在线离线移动升降的设计)。

向在线位移动时,开机人员需要在成网机前端接住铺设成网的布,将布与成网机剥离卷起,直至模头或成网机完全在线稳定纺丝出布。

（3）将引布穿引至卷绕机,带有静电驻极装置的生产线应按正确穿引方向先穿过静电驻极装置,穿引时务必将驻极装置断电,并不要碰断驻极丝。

（4）逐步提高计量泵、纺丝风机、抽吸风机转速，随着纺丝风机转速提高和输出风量的加大，需要同时开启一组或两组"基本加热"以保证热风温度稳定。

（5）DCD接收距离，根据产品要求进行调整。单熔喷生产线生产滤材时DCD距离为180～200 mm；与纺黏材料进行复合生产时DCD接收距离减小为100～130 mm。

（6）生产线运行检测。生产线达到工艺速度并稳定运行后，对换卷布料取样并进行物理指标检测，根据检测结果对工艺进行确认优化。

六、停机

（一）临时故障停机

1. 生产线后纺设备（卷绕机或静电驻极装置）出现故障时

（1）纺丝系统只降速不停机。成网机降速至10 r/min，计量泵降速至10～15 r/min，牵伸螺旋风机降速至600 r/min，抽吸风机降速至600 r/min，保持纺丝系统正常运行。

（2）关闭静电驻极电源。

（3）在成网机前将布拉断进行手动拖拽剥离成网机。成网机和卷绕机速度由联动切换为手动状态停止卷绕机。

（4）故障排除后按"开机流程"再次开机。

2. 生产线前纺设备出现故障时

（1）生产线应全线停机。在上述降速停机的基础上，将模头移出，处于离线状态。

（2）停止成网机、抽吸风机、卷绕机运行。

（3）如故障能在数小时内修复，可维持纺丝风机及计量泵低速运行纺丝，故障排除后快速开机。

（4）若生产线遇到较大故障需要长时间停机时，应按正常流程停机。切换螺杆运行控制方式为"手动"，挤出量为额定值的10%，停止螺杆、计量泵、加热罐加热运行，待纺丝风机送风温度低于100 ℃时停止，所有加热温度设定为150 ℃。

（二）长期或换板停机

生产线完成生产任务或换板时，正常停机。

（1）关闭螺杆挤压机入料口阀门，低速运行30 min，将螺杆运行控制方式切换至手动，挤出量为额定值的10%。

（2）保持螺杆、计量泵、牵伸风机运行。滤前滤后压力小于0.5 MPa时停止螺杆、计量泵、加热罐加热；保持纺丝风机运行直至喷丝孔内基本没有纤维喷出时停止。

（3）清理组件表面熔体及附着物。各加热区温度降为150 ℃，按流程拆下纺丝组件，清理后换板。

（4）长时间停机时各加热区温度设定为150 ℃保温或切断电源。

（三）紧急停机

（1）生产线运行中遇到停电时，熔体没有牵伸风机牵伸，会滴落在网帘上，此时需快速做好网帘保护。将成网机设为手动可移动式，并将成网机从模头下方推至离线位。

（2）生产线运行中发生安全事故时，需要就近按下急停按钮。急停按钮有"全线停机"

和"传动停机"两个权限。按下"全线停机"按钮时,整条生产线所有传动设备、加热系统全部停止运行。按下"传动停机"按钮时,仅成网机、卷绕机停止运行。

紧急停止后,务必将静电驻极装置断电,旋钮归零。

人为按下急停按钮后,对安全事故发生点进行救援查看。

七、组件拆卸及后处理

组件在使用一段时间后,过滤网的杂质逐渐沉积以及喷丝孔内熔体的老化积碳,会出现模头的使用压力超过最大允许压力(持续超过 3 MPa)或喷丝板出丝出现多处堵孔的情况,导致纺丝不稳定,布面出现条纹等问题。此时需更换新的纺丝组件,以使生产线能够继续稳定生产运行。拆下的纺丝组件要按照流程进行煅烧、清洗、组装及调整备用。

(一) 拆卸

(1) 工具准备:专用换板升降小车、气动扳手、力矩扳手、防护面罩、高温手套、铜铲、雾化硅油、组件安装定位导向杆、手电筒、铜刷、高温抗咬合脂。

(2) 将熔喷模头移到离线位,降低 DCD 高度,设定计量泵 5 r/min、纺丝风机 300 r/min、温度 220 ℃。

(3) 关闭螺杆进料板继续运行 30 min 尽可能少螺杆内留存原料,之后关闭螺杆和计量泵,关闭牵伸风机。

(4) 模头温度设定到 150 ℃,将换板车推至模头下方并接通电源。同时将换板车支撑架对应的组件螺栓拆下,清理并涂抹高温防咬合润滑脂备用。

(5) 将升降车升高顶到纺丝组件后将剩余螺栓全部拆下,纺丝组件整体落在换板车上之后将小车降低后推出。

(6) 启动纺丝风机设定转速 300 r/min,同时开启调节加热,温度设定为 200 ℃。用专用铜铲清理模头流道残留的熔体。

(二) 拆解

(1) 拆下的纺丝组件应在高温状态下立刻进行拆解,如在拆卸现场不具备拆解条件,需要马上运至清洗间将组件放置于专用组装台上,底下垫上包裹好的方木便于进行翻转拆解。

(2) 拆除放置于组件顶面的过滤网和聚四氟密封条并清理残留的熔体;拆下组件两端密封板;取出热风气路过滤网,如果过滤网没有损坏或堵住可重复使用,需妥善放置。

(3) 将组件上下翻转,使刀板面向上。将一侧刀板的固定螺栓全部拆除,把刀板拆下并放到旁边的方木上。按同样的方法将另一侧的刀板拆下,之后将喷丝板防护罩装到喷丝板上。

注意:拆卸刀板时需要格外注意对喷丝板孔尖部位的防护,以免刀板碰伤喷丝板孔尖导致喷丝板损伤。刀板不能进行煅烧,如果煅烧会造成刀板变形。

(4) 将喷丝板与基础板之间的连接螺栓全部拆除,拆除密封条,为防止煅烧变形应将喷丝板固定在基础板上。

(5) 螺栓更换完毕后,用吊环和吊带将组件基础板和喷丝板一起,按喷丝板向上的方向将喷丝板和基础板吊到煅烧炉的煅烧架上,将喷丝板防护罩拆除。熔喷组件每次只能煅烧一组。

(6) 部分纺丝组件,基础板带有加热功能,不能进行煅烧。只需煅烧喷丝板。

(三) 煅烧

(1) 启动煅烧炉合盖按钮将煅烧托架推回并锁紧炉盖,检查废料收集器密闭。

(2) 打开操作面板的"仪表开关",将真空泵打到"手动"状态开始抽真空至−0.06～0.08 MPa。调节水流量阀至 100 L/h。真空抽吸完成后将真空泵切换到"自动"状态。将进气阀开至 1/4,开启煅烧炉加热,开启催化加热,真空泵启动时开始加热,计时关泵设定为 5 h(泵在 310 ℃时自动打开,之后运行 5 h 自动关闭),计时进气设定为 4 h(煅烧炉开始加热运行 4 h 后真空阀打开,少量空气进入)。整个煅烧过程中要确保冷却水压稳定。

(3) 喷丝板和基础板煅烧期间,要对刀板和两边的端面密封板用酒精进行清理,注意对刀板刃口保护,防止刃口碰伤。

(4) 组件煅烧完成后自然降温,当温度低于 100 ℃时打开炉盖检查煅烧效果。残留物如呈灰白色粉末状则煅烧效果较好,如呈灰色、黑色焦化物状则煅烧效果不好,需检查原因并及时处理,之后对煅烧效果不佳的组件再次进行煅烧。

(5) 打开炉盖组件进一步降温至 50 ℃时安装喷丝板保护罩,然后将喷丝板吊至组装台。将煅烧时安装的临时螺栓全部拆除。

(四) 清洗

(1) 将经过煅烧并拆分后的喷丝板吊到超声波清洗机内,喷丝板孔向上。

(2) 拆除吊环及保护罩,加入纯水,水位高于板面约 20 mm。如果超声波清洗机有加热功能,需同时开启加热,并设定加热温度为 50～70 ℃,超声波清洗时间为 1～2 h。

(3) 清洗完成后将污水排空并用清水将板面冲干净,安装喷丝板防护罩后吊起,使用压缩空气将喷丝板彻底吹干。

(4) 将喷丝板放置于检板光源箱上,使用检板针对每个喷丝孔捻动检查。检查完成后再次清洗并吹干。

基础板使用同样清洗流程,清洗吹干后放置于组装台。

(五) 组装

1. 喷丝板与基础板组装

将基础板按进料口向下放在组装平台方木上,把喷丝板(带防护罩)吊入基础板安装位,对齐安装孔,安装已经涂抹高温抗咬合脂的螺栓。螺栓安装完成后使用 60 N·m 力矩扳手对所有螺栓从中间到两边依次锁紧。

2. 气缝尺寸调整和刀板安装

(1) 气缝尺寸调整。熔喷组件一般有 1.0 mm 和 1.5 mm 两种气缝尺寸,尺寸不同,刀板的安装方向也不同。在安装前应检查刀板和基础板标记,防止装错方向。若组件没有定位销,气缝间隙需要按工艺参数(0.8～1 mm)调整。

(2) 刀板安装。拆除喷丝板防护罩,将刀板用吊环吊起并缓慢放到基础板一侧,刀板和喷丝板尖预留一定间隙,将刀板缓慢从外向内推入,避免刀板落入时触碰喷丝板尖。已经落入的刀板进行左右调整,放入涂抹高温抗咬合脂的定位销及防脱落螺帽。将所有螺栓安装完成后从中间向两边使用 60 N·m 力矩锁紧。

按同样的方法安装另一块刀板。

（3）过滤网安装。使用压缩空气清理两侧气缝后进行热风过滤网的安装工作，之后安装刀板上方的组件防护板，以免安装操作期间碰伤刀板刃口。

（4）密封处理。①将组件翻转并安装聚四氟密封条，用压缩空气清理密封条安装时产生的残留物。②将过滤网放置于基础板进料口，放置时两端与安装槽的间隙一致。以免过滤网铝边热膨胀后间隙不同导致漏料。③过滤网有翘边时可用 502 胶水固定，胶水不能过多而进入喷丝板孔内。④安装组件两端密封板并使用 60 N·m 力矩扳手交叉锁紧螺栓。

（5）组件组装完成后如不立即使用，需要喷少量雾化硅油后用包装膜包好放于存储箱内备用。

第三节　纺黏和熔喷复合(SMS)非织造布生产线运行调试

SMS 生产线在投产前，需分别对纺黏系统和熔喷系统进行单机和联机调试、升温热紧、装板排丝等纺丝环节测试，以及前纺系统及后纺系统的联动试验，以满足生产线连续运转要求，保证生产线稳定安全可靠。同时，要准备充足的满足生产线连续生产所需的原料和辅料，生产线操作人员完成操作及安全培训，具备上机操作要求。

不同配置的生产线和不同的客户要求，对原料的选型及生产线工艺参数的设置也存在一定差异。下面以聚丙烯纺熔复合生产线为例，介绍 SMS 复合生产线的操作运行。其中纺黏原料选择 Exxon3155 E3/E5(MFI：35)，熔喷原料选择 LG PP-H7914(MFI：1500)。

一、生产线工艺参数设定

(一) 风机参数设定
（1）上下送风机：3 000 r/min；
（2）抽吸风机(主、辅抽吸)：1 500 r/min；
（3）单体抽吸风机：3 000 r/min；
（4）熔喷螺旋风机：3 000 r/min。

(二) 纺黏系统参数设定
（1）纺丝温度：225～235 ℃；
（2）空调温度：12～15 ℃；
（3）纺丝压力：5～6 MPa；
（4）开机初始速度：20 m/min；
（5）预压辊温度：100～105 ℃；
（6）热轧机温度：130～140 ℃。

(三) 熔喷系统参数设定
（1）纺丝温度：240～280 ℃；
（2）纺丝压力：2～3 MPa；

（3）热风温度：260～300 ℃；

（4）DCD 距离：100～130 mm。

二、开机流程

1. 开机准备

SMS 纺熔复合生产线开机时应先开启纺黏系统，待纺黏系统开机正常后再并入熔喷系统，并且在系统投产前，按排丝流程使喷丝板出丝正常，熔喷系统在离线位低转速排丝待机。

2. 纺黏系统开机

按照本章第一节介绍的生产调试流程开启纺黏系统并调试至稳定运行状态。

3. 熔喷系统开机

（1）纺黏系统纺丝稳定后，移开接丝小车，检查熔喷系统出丝情况。使用铜片再次清理气缝，用铲刀将刀板聚集的单体油渍清理干净，清理模头周围飘起的废丝，升高 DCD 高度至 300 mm 左右，做好推入在线前的准备。

（2）开启熔喷系统的抽吸风机 500～800 r/min，提高计量泵转速至 10 r/min，将熔喷模头向在线方向移动，直至模头完全推入在线位置。

（3）提高成网机速度至 100～150 m/min，将热轧机压力提高到正常工艺值，并根据目标产品提高上下辊温度。

（4）逐步加大计量泵转速、抽吸风机转速、牵伸螺旋风机转速，升高牵伸热风温度至 280～290 ℃。随着牵伸风机转速的不断提高，需要同时开启一组或两组"基本加热"以保证热风温度达到工艺设定值。同时降低 DCD 接收距离，通常生产 10～15 g/m² 产品时 DCD 高度为 100～120 mm。

4. SMS 生产线运行

（1）逐步提高生产线成网速度，观察布面质量，调整送风风机、抽吸风机转速等工艺参数至生产线速度满足生产所需克重为止。

（2）换卷取样进行 SMS 产品物理指标检测，并根据检测结果对工艺进行优化，以确保产品指标符合要求。

三、停机流程

（1）降低生产线速度至 60～80 m/min，同时降低轧机压力至浮动压力；

（2）调节熔喷牵伸热风加热系统，热风风温降至 250 ℃，螺旋风机转速降至 300 r/min；

（3）降低计量泵转速至 10 r/min；

（4）升高 DCD 高度至 300 mm；

（5）将熔喷系统推出至离线位；

（6）降低计量泵转速至 5 r/min，降低抽吸风机转速 500 r/min；

（7）网帘速度切换至开机速度 20 m/min；

（8）降低纺黏系统的计量泵速度至 5 r/min、送风机、抽吸风机降为 300 r/min；

（9）将侧吹风箱气囊放气，打开侧吹风箱，将丝束切断后盖上牵伸盖板；

（10）保持熔喷螺旋风机运转，其余送风机、抽吸风机停止；

（11）成网机停止运行。

根据开机计划安排纺黏系统或熔喷系统保温或降温。

参考文献：

［1］柯勤飞,靳向煜.非织造学［M］.上海:东华大学出版社,2016.

［2］刘玉军,张军胜,司徒元舜.纺黏和熔喷非织造布手册［M］.北京:中国纺织出版社,2014.

［3］迈切里 W.塑料橡胶挤出模头设计［M］.李吉,王淑香,译.北京:中国轻工业出版社,2000.

［4］郭合信,何锡辉,赵耀明.纺黏法非织造布［M］.北京:中国纺织出版社,2003.

［5］阿达纳 S.威灵顿产业用纺织品手册［M］.徐朴,等,译.北京:中国纺织出版社,2000.

［6］刘玉军,张金秋.我国纺熔复合非织造布生产线的现状、创新与发展［J］.产业用纺织品,2011(11):
    1-4.

［7］司徒元舜,麦敏青.国产 SMS 非织造布生产设备的发展［J］.纺织导报,2012(1):84-90.

［8］宏大研究院有限公司.产品作业指导书［G］.

［9］刘玉军,吴忠信,韩涛.国内外纺丝成网非织造布技术现状与发展趋势［R］//2006/2007 中国纺织工业
    技术进步研究报告.北京:中国纺织信息中心,2006.

第六章
熔喷与其他技术组合

第一节　熔喷插层技术

一、熔喷插层非织造工艺原理

（一）插层技术简介

熔喷非织造材料纤维细而柔软，在使用过程中耐压性和压缩回弹性差且孔隙结构容易发生变化，这些问题容易导致熔喷产品的容尘量、吸音性能和保暖性能下降。美国3M公司较早在传统熔喷工艺的基础上对此技术难题进行了工艺改进，当聚合物熔喷成形时，聚酯短纤经冷空气导入，这样使得熔喷成形的超细纤维与聚酯短纤充分混合，从而形成一种特殊的熔喷材料。此外，我国天津泰达、江苏六鑫、安徽奥宏等企业对熔喷插层复合技术也进行了一系列研究开发工作。

为了改善熔喷非织造材料的蓬松性，将短纤维作为插层结构引入到熔喷非织造材料中，形成高蓬松性和高孔隙率的熔喷插层非织造材料。熔喷插层非织造材料整体为"Z"型结构，具有优良的吸音、保暖和过滤性能。

熔喷插层复合技术最早由美国3M公司设计研发，形成的插层复合材料应用在过滤领域。至此，国内外对熔喷插层技术进行了广泛的研究，并取得了一系列成果。如我国的量子金舟（天津）非织造布有限公司、东丽纤维研究开发（中国）有限公司、天津泰达洁净材料有限公司等多家公司都生产了熔喷插层非织造材料，并投入市场中。

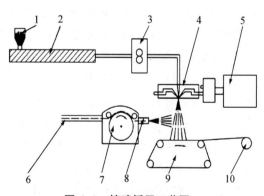

图6-1　熔喷插层工艺图

1—PP物料；2—螺杆挤出机；3—计量泵；
4—聚丙烯熔体喷头；5—热风控制室；6—短纤维输送辊；
7—梳理机；8—短纤维喷头；9—负压吸风室；
10—成网梳理辊

熔喷插层复合技术装备，是在传统的熔喷设备外增加一台短纤维梳理机和鼓风机。在利用热气流牵伸聚合物熔体细流过程中，将梳理好的短纤维在鼓风机的风力作用下，依靠气流输送至熔喷纤维流中进行分散混合，并在热气流的作用下进行黏合形成熔喷插层材料，最后收集在成网帘上，如图6-1所示。

(二) 插层式双组份熔喷复合技术

PP/PET 插层式双组份吸音材料,是通过熔喷法得到超细 PP 短纤维,然后通过冷空气将开松后的卷曲 PET 中空短纤维吹入超细 PP 短纤维进行混合、成网、自身粘结加固获得熔喷非织造布。这种方法利用高卷曲 PET 中空短纤维的刚性和超细纤维互相补偿的方式改善了材料的孔隙结构,解决 PP 熔喷非织造产品耐压性和弹性回复性差和孔隙结构易发生变化的问题,大幅提高了材料的吸音等性能。

短纤插层复合熔喷非织造材料的核心技术在于,在侧吹送风系统送入部分高卷曲中空短纤维至熔喷超细纤维射流之前,连接一梳理设备先将高卷曲中空短纤维梳理成单纤化,然后适当加大侧吹送风风速,有效地使短纤维以单纤维状均匀分布在 PP 熔喷超细纤维流中,从而大大提高插层式复合熔喷非织造布的均匀性,同时利用高卷曲短纤维的刚性和超细纤维互相补偿的方式有效地改善材料的孔隙结构,解决 PP 超细熔喷非织造材料耐压性和弹性回复性差的问题,大幅提高了材料的保暖、吸音等性能。

二、熔喷插层复合材料的应用

熔喷插层复合材料中,短纤维作为插层结构起着支撑作用,使得材料更加蓬松;而熔喷超细纤维直径较小,黏附于短纤维表面,增加了材料的孔隙率和平均孔径。因此,熔喷插层复合材料被广泛应用于吸音、保暖和过滤等领域。

1. **吸音材料** 采用熔喷工艺生产的超细纤维比表面积大,纤维之间的间距小。当声波透过熔喷吸音材料时,空气和纤维表面的黏性空气摩擦阻力大,因此被常用于开发高性能吸音材料。美国 3M 公司开发的"新雪丽"(Thinsulate)系列车用吸音材料由 65% 左右的 PP 熔喷纤维和 35% 左右的粗且三维卷曲涤纶短纤维组成,短纤维的引入改善了熔喷非织造材料的吸音性能,但是价格较高。

2. **保暖材料** 熔喷非织造材料中纤维直径较小且纤维之间杂乱排列,这使得纤维表面以及纤维网内部会储存大量停滞空气,从而降低热传导以及热对流过程中的热量损失,起到保暖的效果。通过熔喷插层技术制备的复合熔喷材料改善了其蓬松度,进一步减小了热量的损失,使得保暖效果更佳。如采用双梳理工艺将 PET 短纤维梳理成单纤维,通过喷管将其送入到熔喷细流中,在拉伸空气作用下聚集在双滚筒中间,上下表面黏合纺黏非织造布,制得熔喷复合材料,该熔喷复合材料的均匀性较同类型材料相比有了大幅度提高。同时,在相同工艺条件下生产相同密度的产品,当 PP 的熔融指数较高时,产品的保温性能越好。

3. **过滤材料** 熔喷非织造材料纤维直径细、比表面积大,纤维之间呈高度杂乱排列状态,材料具有过滤效率高、过滤阻力低的特点,因此常被用作高效过滤材料。如将熔喷超细短纤维与常规纤维进行有效混合的双组份熔喷混合系统,将短纤维充分开松、梳理成纤维网后,由鼓风机产生的高速气流将纤维从风口吹出,吹出的纤维被高速向下的熔喷纤维流带到成网机上,形成双组份过滤棉。

三、主要装置

熔喷插层系统主要由短纤梳理与输送系统、熔喷系统、短纤与熔喷材料混合装置、成网装置、卷绕成型装置等组成,如图 6-2 所示。

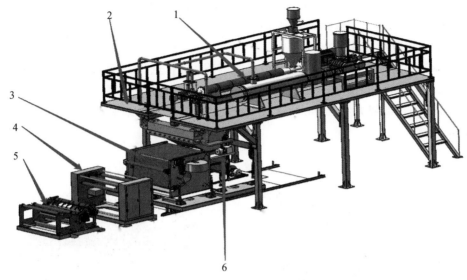

图 6-2 熔喷插层示意图

1—熔喷装置;2—楼架装置;3—成网装置;4—驻极装置;5—卷绕装置;6—插层装置

1. **插层装置**   插层装置配置在生产线的熔喷部分后侧,通过对于空间的利用和插层功能的实现,对于插层装置采用了新的输风结构与可移动模块化设计方案,主要由喂入机构、输风甬道、梳理装置、短纤维喷头及升降机构组成,如图 6-3 所示为插层装置的示意图。

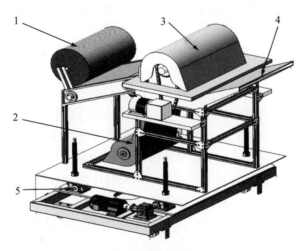

图 6-3 插层装置三维模型示意图

1—喂入;2—输风甬道;3—梳理装置;4—短纤维喷头;5—升降机构

如图 6-3 所示,插层装置的高卷曲短纤维通过喂入辊输送至梳理装置,通过气流吹拂与刺辊的尖刺牵伸拉扯,短纤维从喷头喷出进入插层区域进行纤维混合成网。

2. **升降机构设计**   如图 6-4 所示,整个插层梳理装置为三自由度的移动装置,可以根据不同生产需求来改变吹入位置及高度,便捷适配各种参数条件下的熔喷装置,高度活动范围区间为[0 mm, 500 mm],并且可以根据生产线需求及时移动至响应生产线位置,同时方便设备的检修与维护,大大节约了人力与物力。

3. 气动可调节喷头设计

为实际生产中的不同材料的纤维和改进成网条件提供选择,在固定的喷头结构基础上,根据文丘里管原理设计了喉道并增加气动可调节吹风装置,用手风琴式软管代替固定结构,增加吹入角度变化范围为[45°, 90°],为在生产中根据实际需要调整吹风角度提供了可能和便利条件,如图 6-5 所示。

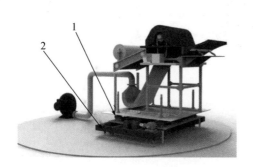 

图 6-4　升降机构示意图　　　　　　图 6-5　气动可调节喷头示意图
1—螺旋升降装置;2—滑轮钢结构托板　　1—"手风琴"式连接管道;2—可调节气动短纤维喷头

第二节　熔喷布与针织布复合技术

我国的涂层复合技术经过多年发展,越来越受到人们的重视,并获得广泛的应用,已渗透到工业、农业、建筑、交通、医疗卫生、服装鞋帽及日常生活等诸多领域。技术的先进性和实用性及用后所产生的巨大效果是涂层复合技术得以迅速发展和广泛应用的根本所在。以服装为例,过去一向用作服装辅料里子布的塔夫绸,经过涂层整理或与微孔薄膜复合,就可使其身价倍增,一跃成为科技含量高、防风防水、透湿透气、保暖、舒适的功能性服装面料。涂层复合技术是开发纺织新产品极为重要的途径之一,是赋予织物多功能的重要手段,在织物后整理中占有重要位置。复合技术不是简单的材料性能的叠加,而是材料性能的提高与改善,是材料性能的综合与互补,是材料性能的升华。

熔喷布通过上胶涂层,与针织布复合,可以制成具有保暖特征的面料,直接做秋衣、秋裤,适合春秋两季穿。

一、熔喷布与针织布复合生产工艺流程

熔喷布与针织布通过黏胶在多层复合与固化联合机上可复合成一层布。该非织造布多层复合与固化联合机机械部分的功能要求是在同一机器上同时实现非织造布复合、固化、冷却及卷绕功能,能根据实际需要调节上胶量及复合层数变化引起的同步传动问题。用该设备进行复合、固化、冷却及卷绕操作,能完成不同幅宽、不同厚度和不同高分子材料的非织造

布复合,工艺流程如图 6-6 所示。

图 6-6　复合、固化、冷却及卷绕工艺流程

多层复合与固化联合机,如图 6-7 所示。

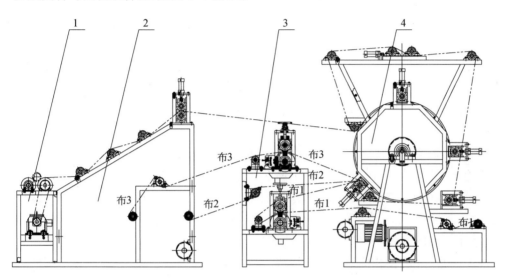

图 6-7　多层复合与固化联合机示意图

1—收卷装置；2—冷却装置；3—上胶装置；4—烘燥系统

二、技术特征

非织造布多层复合与固化联合机,应保证连续运行,运行过程中布不褶皱,能很好地复合上,不脱胶。该联合机包括机械传动、控制等两部分组成。主要技术特征如下:

1. **系统组成**　非织造布多层复合与固化联合机基本组成包括上胶装置、加热机构、冷却机构及卷绕装置。可以根据需要进行非织造布的双层或者三层复合,是一种非常有效的非织造布加工技术。

2. **操作简单方便**　该新型联合机需要进行的所有操作都可以用控制柜上的按钮对其进行控制,这样在运行机器的时候方便技术操作人员操作,也减少了操作过程中的危险性；且控制柜的设计结合人体的各种因素,使其处于一个最佳的操作位置,让操作人员在操作的时候省力、方便。

3. **主要技术参数**

烘筒规格:$\phi 1\,000 \times (700 \sim 1\,000)$ mm

电热功率:1.5×24 kW

成品幅宽:600 mm

卷装尺寸:$\phi 300 \times 600$ mm

工作速度:3～20 m/min

外形尺寸:4 000 mm×1 000 mm×2 180 mm

气缸:SC 系列 QGB1 系列轻型气缸 $\phi 50×12$ mm

4. 主要装置要求

（1）上胶机构

该联合机中的上胶机构能轻松的实现非织造布的双层及三层的复合,上胶机构是由上下两层上胶装置组成的,其特点是可以根据需要分别进行两层或三层非织造布的上胶复合,即当使用一套上胶装置时可以进行双层的复合,若两套上胶装置同时使用则能进行三层复合。该机构上胶均匀、结构紧凑,且可通过调节压辊与上胶辊之间的间隙来调节非织造布之间的压力。刮刀可以绕上胶辊的轴心旋转,以此来调节刮刀与上胶辊之间的角度和距离,达到最佳的上胶效果。然后再进行非织造布的烘燥及冷却,最后进入卷绕机构。

（2）压力调节装置

该联合机中压力调节装置安装在上胶装置上,通过旋转上胶辊上手柄,完成压力调节。一方面能有效地对布进行压紧,同时也能有效地对上胶机构中的浆液进行涂平,保证上胶均匀。

（3）喂入点的设计

该联合机能很方便快捷地实现双层或三层的同时复合,且三层非织造布由不同点进入导入辊,防止同一点或者不是最佳切入点进入导入辊产生布褶皱、粘在一起等缺陷,保证非织造布在最佳的切入点进入圆网烘燥进行加热复合。

三、主要装置

机械传动部分包括纠偏装置、加热装置、上胶装置、冷却装置及卷绕装置等。

（一）机械部分的功能要求

该联合机非织造布的速度 3～20 m/min,烘燥辊筒的直径 $\phi 1\ 000$ mm($\phi 1\ 200$ mm),用该设备进行复合实验,能完成两层及三层的复合,其中主要完成的是三层复合,因为三层复合对于烘筒的温度,烘筒的转速都有很高的要求,需保证非织造布经过三层复合后,能复合上、不脱胶且没有褶皱,在运行过程中机器能连续工作。

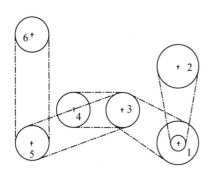

图 6-8 传动结构图

复合过程的传动示意图如图 6-8 所示,机构中的传动均为链传动,1 为主电机传动轴,在电机轴上放置大小链轮,小链轮传给烘筒上的链轮 2,带动烘筒转动,实现非织造布的均匀复合及烘燥;大链轮则传给转换链轮 3,3 一端为单联链轮,另一端为双联链轮,双联链轮分别传给上胶机构 4 和冷却机构 5,上胶机构能实现非织造布的两层及三层的上胶,进而进行复合;冷却机构主要是把复合好的非织造布冷却,再进入卷绕装置进行卷绕。采用单一电机传动,保证各部分运转同步。

（二）纠偏装置

1. **跑偏原因**　上胶后的非织造布由强力尼龙芯带带动进入烘筒，工作原理如图 6-9 所示。

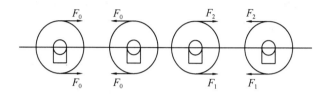

图 6-9　平带传动原理图

传送带不工作时，由于传送带张紧在两滚筒上，故传送带两边的拉力应相等，都等于初拉力 F_0。当传送带以顺时针方向转动工作时，紧边拉力为 F_1，松边拉力为 F_2，则传送带工作时的有效拉力 F_e 为

$$F_e = F_1 - F_2 \tag{6-1}$$

如果近似地认为传送带工作时的总长度保持不变，则传送带的紧边拉力的增量，应等于传送带松边的减少量。即

$$F_0 = (F_1 + F_2)/2 \tag{6-2}$$

由上式（6-1）、（6-2）可得

$$F_1 = F_0 + F_e/2 \tag{6-3}$$

$$F_2 = F_0 - F_e/2 \tag{6-4}$$

将柔韧体摩擦的欧拉公式 $F_1 = F_2 \cdot e^{fa}$ 代入上式得

$$F_{e0} = 2F_0(e^{fa} - 1)(e^{fa} + 1) \tag{6-5}$$

式中：F_0——传送带的初拉力；

　　　F_1——传送带的紧边拉力；

　　　F_2——传送带的松边拉力；

　　　f ——传送带与带轮之间的摩擦系数；

　　　a ——传送带在带轮上的包角；

　　　F_{e0}——传送带所能传递的最大有效拉力。

由此可知，传送带的最大牵引力是与初拉力 F_0 成正比的，最大牵引力随着包角 a 的增大而增大，最大牵引力随着摩擦系数的增大而增大，通常带式输送机传送带的宽度较宽，这是由带式输送机的工作所决定的。因此，带式输送机的牵引力和初拉力在带宽上的分布比较复杂，如果载荷在带宽上分布不均匀，就会使传送带跑偏，因此，在其他参数一定的情况下，传送带是否跑偏，主要由输送机的牵引力或初拉力在带宽上的分布状况决定，所有使力在传送带带宽方向上发生偏载的因素，都是使传送带跑偏的原因。

2. **纠偏机理**　传送带在输送机中间跑偏，如图 6-10 所示，倾斜安装的托辊，由于托辊轴线与传送带跑偏方向有倾角 β，则传送带运行速度 v_3 和托辊圆周速度 v_t 之间也相差一个角度 β，因而传送带对于托辊就具有一个相对速度 Δv，使传送带在托辊上沿轴向产生相对滑动的趋势，这样托辊则给传送带一个向右的横向推力。

3. **纠偏机构** 纠偏机构结构如图 6-11 所示，气缸推动轴承座带动纠偏辊滑动，一端不动或两端相反方向滑动形成纠偏辊的转动，从而起到纠偏作用。

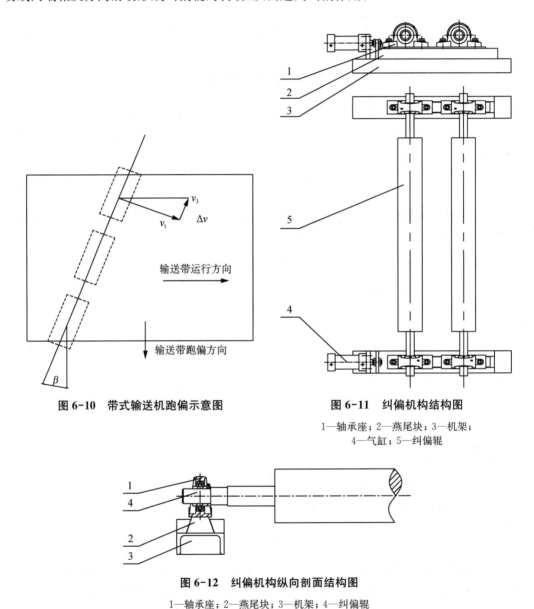

图 6-10 带式输送机跑偏示意图

图 6-11 纠偏机构结构图

1—轴承座；2—燕尾块；3—机架；
4—气缸；5—纠偏辊

图 6-12 纠偏机构纵向剖面结构图

1—轴承座；2—燕尾块；3—机架；4—纠偏辊

对于上述联合机，其偏移的位移较小，大约在 10 mm 左右，上述机构都能很好地满足该要求，其利用传感器感应布的倾斜状态，将信号传输到控制系统，再由控制系统控制执行机构气缸和机械装置，对布的位置进行调整。

图 6-12 为纠偏机构纵向剖面的结构示意图。纠偏辊相对于轴承座移动和燕尾槽绕轴

承座转动,从而起到纠偏作用。该结构满足了纠偏要求,且安全可靠、结构简单,对于大范围大角度的纠偏旋转也可以满足。

4. **纠偏调节装置** 该装置中执行机构采用的是气缸调节,该装置中感应机构利用的是传感器感应布的位置,当布发生偏移时就会与两端的传感器发生碰撞,此时传感器发出信号并将其传到控制系统,然后再由控制系统控制机械装置即纠偏装置,对布进行调整。在两边传感器的外部对应摆放了两个行程开关,其作用也是感应布的位置,当布发生严重偏移时,非织造布就会触碰到行程开关,机器马上停机。同时利用传感器和行程开关,对布的调整起到了双保险的作用,使布在偏移的时候能及时地调整好布的位置,更加符合工艺要求。纠偏感应装置如图 6-13 所示。

图 6-13 纠偏感应装置

(三) 加热装置

加热装置采用的是电阻棒加热,需保证烘筒表面温度达到 242~260 ℃,才能保证非织造布很好地黏合。根据热量计算公式可以得出,在烘筒内部放置 24 只加热管(1.5 kW/只),就能使烘筒表面温度达到黏合所需要的温度。加热装置示意图如图 6-14 所示。

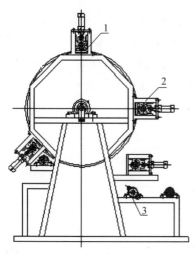

图 6-14 加热装置

1—加压辊;2—加压辊;3—张力辊

图 6-14 加热装置 1、2 两处为两个加压点,可以使上胶后非织造布在加热的过程中不凸起,很好黏合在一起,再一次将浆液涂抹均匀;3 处是一个张力辊,使非织造布在运行的过程中保持一定的张力,不褶皱。

1. **烘筒装置** 为了满足实际生产需要及加工工艺要求,烘筒的结构应采用可拆卸式的,因为内部零部件(如电阻棒,电阻架等零部件)需要不定期地进行更换。所以烘筒两端的连接一般采用一端法兰连接,一端与辊筒焊接在一起,或者采用两端法兰连接。采用这种方式利于零部件的更换,方便拆卸。图 6-15 采用的是两端法兰连接,满足实际生产需要及工艺要求。

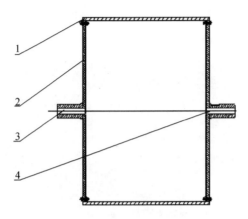

图 6-15　烘筒结构示意图

1—烘燥外筒；2—挡板；3—左支撑轴；4—右支撑轴

2. **固定架装置** 现有的复合机,其主热辊筒表面温度的升高是通过电热棒通电加热油介质而传导产生的,主热辊筒在运行过程中油介质在辊筒内部不产生横向流动。由于电热棒中部和两头的热效应差别(即中部热效应高,两头散热大),因此在同一时间内,产生了辊筒表面中部温度高、两头温度稍低的不正常现象。众所周知,热转移复合机一个主要技术指标是热辊筒表面的恒温精度。因热辊筒表面横向温度有差异,会影响复合的效果。而该联合试验机采用的是如图 6-16 的结构设计,内置 24 只电阻棒(1.5 kW/只),均匀固定在电阻棒支撑架 1 上,该设计中电阻棒距离烘筒内壁 60 mm,通过理论计算完全能满足复合过程中的加热温度。该装置可以使得烘筒表面的温度保持一致,有利于复合的均匀一致,且该设计具有结构简单、可靠性强、经济等优点。

烘筒规格:$\phi 1\,000$ mm×800 mm;

加热部分宽度:$l=600$ mm;

电阻棒规格:1.5 kW/只,24 只;

正常工作加热功率:

$$Q_0 = Q_1 + Q_2 \tag{6-6}$$

即电热元件供给的热流量 Q_0 等于烘筒保温层散失的热流量 Q_1 和裸露口向周围散失的热量 Q_2。 在该处由于裸露口面积较小,所以在计算过程中将该部分的热量散失忽略不计。则有:

$$Q_0 = Q_1 \tag{6-7}$$

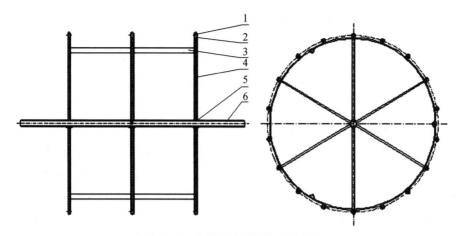

图 6-16 电阻棒支撑架结构示意图

1—电阻棒支撑；2—电阻架；3—横支撑；4—竖直支撑；5—支撑；6—铜管

式中：Q_1 包括外表面及两侧的热流量散失。

假设室温为 20 ℃

① 电热元件供给的热流量：

$$Q_0 = I^2 R \tag{6-8}$$

② 烘筒保温层散失的热流量：

$$Q_1 = K_1 S_1 \Delta t \tag{6-9}$$

式中：K_1——传热系数；

S_1——保温层外表面积；

Δt——保温层壁面与周围环境温度差。

$$S_1 = \pi r^2 + 2\pi r l = \pi \times 0.5^2 + 2\pi \times 0.5 \times 0.8 = 1.05\pi \tag{6-10}$$

将已知数据代入(6-8)、(6-9)中得：

$$Q_0 = n I^2 R = 24 \times 1.5 \times 10^3 = 3.6 \times 10^4 \tag{6-11}$$

$$Q_1 = K_1 S_1 \Delta t = (9.3 + 0.058\,t) \times 1.05\pi \times \Delta t \tag{6-12}$$

$$= (10.46 + 0.058\Delta t) \times 3.3 \times \Delta t = 43.3\Delta t + 0.19\Delta t^2$$

再将(6-11)、(6-12)代入(6-7)中，解得 $\Delta t = 310$ ℃，可知该机构能达到烘筒加热所需的温度。

（四）上胶装置

上胶装置结构示意图如图 6-17 所示。上胶装置主要是由上胶辊、压辊、胶槽、刮刀和导布辊组成的。该上胶机构是由上下两层上胶装置组成的，其特点是可以根据需要分别进行两层或三层非织造布的上胶复合，即当使用一套上胶装置的时候，就可以进行双层的复合；若两套上胶装置同时使用，则能进行三层复合。该机构上胶均匀、结构紧凑，且可通过调节压辊与上胶辊之间的间隙来调节非织造布之间的压力。刮刀可以绕上胶辊的轴心旋转,以此来调节刮刀与上胶辊之间的角度和距离,达到最佳的上胶效果。

(五)冷却装置

冷却装置采用的是自然冷却的方式,即布在运动的过程中就能达到冷却的效果,其传动由主电机控制。

(六)卷绕装置

放卷机构输出的非织造布由卷绕机构收卷。在卷绕过程中,为使非织造布连续输出,卷绕机构对非织造布必须有一定的牵伸作用,因此卷筒的线速度略大于圆网复合速度。卷绕机构采用摩擦传动。

收卷的速度通过单独的力矩电机控制,采用力矩电机主要是防止收卷的力矩变化,保持稳定的恒张力,这样随着收卷辊的直径逐渐增大,但其力矩不会变化。卷绕机构结构示意图如图 6-18 所示。

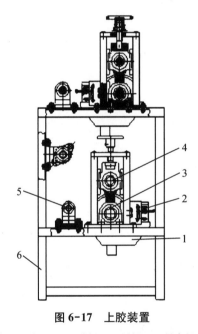

图 6-17 上胶装置

1—胶槽;2—刮刀;3—上胶辊;4—压辊;5—导布辊;6—机架

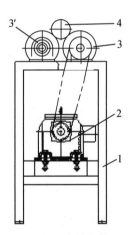

图 6-18 卷绕机构

1—机架;2—电机;3,3′—摩擦辊;4—布卷

(七)减速机构的设计

该机中非织造布的速度为 3~20 m/min,烘筒直径为 1 m,一般情况下选择异步电机 Y90L-4,功率为 1.5 kW,转速为 1 400 r/min。传动比:

$$i = \frac{n_1}{n_2} = \frac{1\ 400}{20/\pi} = 220 \text{ r/min} \tag{6-13}$$

选择蜗轮蜗杆减速器 $i_1 = 100$,由于传动比较大,故选用两级蜗杆减速器。由减速器出来通过链轮传动 $i_2 = 2.2$,就能满足传动要求。

由 $i_2 = 2.2$,选择小链轮齿数 $z_1 = 25$,则大链轮 $z_2 = 50$。

减速结构传动原理图如图 6-19 所示。

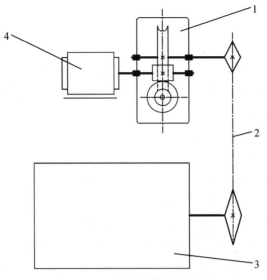

图 6-19 减速机构传动原理图

1—蜗轮蜗杆减速器；2—链传动；3—烘筒；4—电动机

(八) 控制系统

1. 加热温度调节

该加热温度是通过电阻棒加热实现的,要保证加热各处受热均匀,所以电阻棒的布置非常重要。由于烘筒升温时耗用功率和正常工作时耗用功率不同,所以对电热元件即电阻棒的设置和控制也不同。再有正常工作时加热流量也是变化的,为维持热量的平衡,保证熔体温度的稳定,所以电阻棒的供热功率也需要经常调节。

根据电阻棒的作用,常将其分为三组。一组为基本加热,配置时,取其等于或大于正常加热功率。通过相关的计算,15 只电阻棒就能达到正常工作时所需要的加热功率,取 $n_1 = 15$。另一组为辅助加热,配置时,应保证辅助加热功率加上基本功率等于或大于升温加热功率,取 $n_2 = 5$。再一组为调节加热,配置时,视设备和工艺稳定情况而定,同时还要考虑气候的变化情况,取 $n_3 = 4$。对于该联合机利用 24 只电阻棒给烘筒加热,每组 12 只,就能达到温度所需的要求。当处于升温阶段两组同时加热,当温度达到固化所需的温度时,用其中一组来加热保持温度恒定。温度可调,可以根据设定的所需温度,达到调节的作用,加热温度最高可达到 310 ℃。

对于温度的调节,在控制系统有相应的按钮对其进行调节,并且有一个温度显示器能显示当前的温度。固化复合温度是根据反复的试验总结得出的最佳加热温度,该温度能保证在这个过程中布能很好地黏合上、不褶皱。

2. 主电机的变频调速

主电机采用变频器控制,通过控制系统的旋转钮来调节电机速度的大小;收卷机构采用单独的力矩电机控制,当负载增加时,电动机的转速能自动地随之降低,而输出力矩增加,保持与负载平衡。

变频调速的基本原理,是基于交流异步电机的转速方程:

$$n_0 = 60f/p(1-s) \tag{6-14}$$

式中:电动机定子绕组的磁极对数 p 一定,改变电源频率 f,即可改变电动机同步转速;异步电动机的实际转速总低于同步转速,而且随着同步转速而变化;电源频率增加,同步转速 n_0 增加,实际转速也增加;电源频率下降,电机转速也下降,这种通过改变电源频率实现的速度调节过程称为变频调速。

圆网烘燥装置部分变频器采用的是 EM303A 系列开环矢量控制变频器,这种变频器采用国际领先的无速度传感器矢量控制技术。

EM303A 系列开环矢量控制变频器的主要功能及特点:

① 支持 MODBUS RTU 标准通讯协议;

② 支持 RS485 主从通讯控制方式,实现数字同步控制;

③ 数字输入端子支持正/反逻辑控制、延迟输入控制等功能;

④ 数字输出端子支持电平/脉冲输出、正/反逻辑输出、延迟输出等功能;

⑤ VS/IS/VF/IF 四路模拟输入信号可编程为数字输入功能,实现数字端子的扩展控制功能;

⑥ VP/VS/IS/VF/IF 模拟输入信号经过特殊脉冲,有效避免模拟信号的漂移及扰动问题;

⑦ 运行、停车、参数设定状态可独立编程需要显示的功能参数。

EM303A 系列开环矢量控制变频器所用端子配线图如图 6-20 所示。

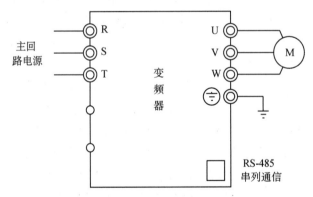

图 6-20　变频器所用端子配线图

3. 调节装置控制

（1）纠偏调节装置

该装置中执行机构采用的是气缸调节,在机械部分已经详细介绍过。该装置中感应机构利用的是传感器感应布的位置,当布发生偏移时就会与两端的传感器发生碰撞,此时传感器发出信号并将其传到控制系统中,然后再由控制系统控制机械装置即纠偏装置,对布进行调整。在传感器的外侧对应放置了两个行程开关,其作用也是感应布的位置,当布发生严重偏移时,非织造布就会触碰到行程开关,机器马上停机。同时利用传感器和行程开关,对布的调整起到了双保险的作用,使布在偏移的时候能及时地调整好布的位置,更加符合工艺要求。

（2）气缸调节装置

联合机中压力调节装置均采用气缸来调节导辊的移动，对布起到压紧的作用，且都可调节手动的按钮来调节压布辊的上下运动，也可微调气缸。对于该机器的复合固化的张力调节装置均采用气缸调节，这样就能利用统一气源来调节气缸的移动。该调节装置简单又省力，能够很好地起到调节的作用。

第三节　超声波技术在熔喷产品医用口罩中的应用

一、医用口罩

疫情期间，防护用品中首当其冲的是口罩。口罩几乎是大家出门必备的标配装备，甚至曾出现一罩难求的现象。其间，市面上出现的口罩形形色色，但对阻隔新冠病毒真正有效的是医用外科口罩或者更高标准的 N95 口罩。医用外科口罩看起来非常简单，事实上它包含有三层结构，上下表层起抗湿抗菌和支撑作用，中间层起关键的吸附过滤作用（图 6-21）。它们都是由常用的高分子材料——聚丙烯（PP）制成的，表面两层为聚丙烯纺黏无纺布，中间层为聚丙烯熔喷无纺布。

纺黏布层
熔喷布层
纺黏布层

图 6-21　医用外科口罩的三层聚丙烯（PP）无纺布结构

随着 2020 年春节前夕新冠疫情的爆发，口罩作为重要的防护资源，面临着紧迫的供需矛盾，也催生了口罩机设备的需求。口罩外形的差异（图 6-22）决定了口罩机设备的多样性，市场上口罩机种类繁多、功能各异。但是，耳带焊接、口罩边压花等，均采用超声波焊接技术。

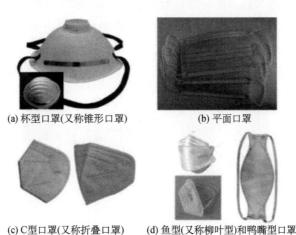

(a) 杯型口罩(又称锥形口罩)　　　　(b) 平面口罩

(c) C型口罩(又称折叠口罩)　　　　(d) 鱼型(又称柳叶型)和鸭嘴型口罩

图 6-22　几种口罩照片图

二、超声波复合系统的工作原理

超声波焊接是利用高频振动波传递到两个需焊接的物体表面,在加压的情况下,使两个物体表面相互摩擦而形成分子层之间的熔合。超声波复合系统示意图,如图 6-23 所示,当超声波发生器输入 220 V,50 Hz 的电流后,发生器开始工作,将输入电流频率提高到 20 kHz,即超声波发生器输出电流频率已是 20 kHz,该电流通过换能器,将电能转换成机械震动波,并经变幅杆调整波幅,在变幅杆平面输出 20 kHz 的震动波。超声波复合的能量是机械振动能,复合设备在极高的频率下工作,将被复合的材料置于超声波变幅杆与花辊(或熔边辊)之间连续运行,在较低的压力和高频振动的共同作用下使纤维高分子材料内部分子运动加剧,由高频振动的动能变成热能,使热塑性的纤维材料发生软化、熔融,从而实现非织造布的复合。

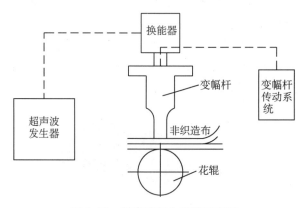

图 6-23　超声波复合系统示意图

三、超声波复合非织造布技术分析

通过超声波非织造布接触表面焊接接头的成因,来解释非织造布超声波复合过程。在这里首先建立黏弹性体的多自由度振动模型,利用线性时不变系统的频率特性,分析各级黏滞阻尼器的功耗,较为直观地揭示黏弹性体振动过程中体内的功耗(或相应的热量)分布,并给出了超声波非织造布焊接成因的合理解释。

(一) 黏弹性体振动的微元功耗

设受强迫振动的黏弹体内某处的点应变为:

$$\varepsilon(t) = \varepsilon_0 \sin \omega t \tag{6-15}$$

式中:ε_0 为应变幅,ω 为激振频率。由于黏滞阻力的存在,应力响应滞后,故有

$$\sigma(t) = \sigma_0 \sin(\omega t + \delta) \tag{6-16}$$

式中:σ_0 为应力幅,δ 为滞后角($0 > \delta > -\pi$)。

根据线性时不变系统理论,响应 $\sigma(t)$ 与激励 $\varepsilon(t)$ 存在如下关系:

$$\frac{\sigma(s)}{\varepsilon(s)} = G(s) \tag{6-17}$$

式中：$\sigma(s)$ 与 $\varepsilon(s)$ 分别为 $\sigma(t)$ 与 $\varepsilon(t)$ 的象函数，$G(s)$ 为传递函数。

由线性时不变系统的频率响应特性有：

$$\frac{\sigma_0}{\varepsilon_0} = |G(j\omega)| = A(\omega) \tag{6-18}$$

$$\delta = \angle G(j\omega) = \phi(\omega) \tag{6-19}$$

式中：$G(j\omega) = G(s)|_{s=j\omega}$ 为系统的频率特性，而 $A(\omega)$ 与 $\phi(\omega)$ 则分别表示系统的幅频特性与相频特性。

为了下面讨论的方便将 $G(j\omega)$ 记为：

$$G(j\omega) = A(\omega)e^{j\phi(\omega)} = U(\omega) + jV(\omega) \tag{6-20}$$

式中：$U(\omega)$ 与 $V(\omega)$ 分别表示系统的实频与虚频，且

$$\begin{aligned} U(\omega) &= A(\omega)\cos\phi(\omega) \\ V(\omega) &= A(\omega)\sin v(\omega) \end{aligned} \tag{6-21}$$

用(6-18)式，(6-19)式与(6-21)式的关系可以将(6-16)式改记为：

$$\sigma(t) = \varepsilon_0[U(\omega)\sin\omega t + V(\omega)\cos\omega t] \tag{6-22}$$

一个振荡周期内，点微元粘弹体的功耗为：

$$\Delta W_T = \int_0^T \sigma(t)\dot{\varepsilon}(t)\mathrm{d}t = \varepsilon_0 U(\omega)\int_0^T \dot{\varepsilon}(t)\sin\omega t\,\mathrm{d}t + \varepsilon_0 V(\omega)\int_0^T \dot{\varepsilon}(t)\cos\omega t\,\mathrm{d}t = \pi\varepsilon_0^2 V(\omega) \tag{6-23}$$

注意上式中 $\varepsilon_0 U(\omega)\int_0^T \dot{\varepsilon}(t)\sin\omega t\,\mathrm{d}t = 0$ 反映黏弹性体振动过程中质点的动能与弹性势能相互转化，并不耗功。(6-23)式表明点微元黏弹性体的功耗与应变幅 ε_0 的平方成正比，且随着虚频 $V(\omega)$ 的增大而增加。当激振频率 ω 增大，滞后角的绝对值越大，$V(\omega)$ 的绝对值亦越大，功耗越大。故可将滞后角 δ（或相位角 $\phi(\omega)$）视为黏弹性体内黏滞阻力的影响标志。

（二）多自由度振动系统

黏弹性体振动时点微元功耗的计算公式(6-23)揭示了微元振动的发热机理。但是黏弹性体振动时，体内各处的点应变幅 ε_0 与滞后角 δ 是不一样的，因此同一振动周期内各点微元的功耗也不相同。为了研究黏弹性体振动中体内的功耗分布，可将黏弹性体的振动等价成一个多自由度振动系统。研究系统中各级阻尼器的功耗差异，直观地揭示黏弹性体振动过程中体内各点的功耗。

1. 单自由度振动系统 图 6-24 所示为质量、弹簧、阻尼器组成的单自由度振动系统。$x(t)$ 与 $y(t)$ 分别表示系统的激励与响应。

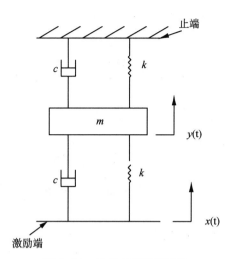

图6-24 单自由度振动系统

下面讨论激励端与止端阻尼器的功耗问题。

系统的微分方程为：

$$m\ddot{y}(t) + 2c\dot{y}(t) + 2ky(t) = c\dot{x}(t) + kx(t) \tag{6-24}$$

式中：m、c、k 分别表示质量、黏滞阻尼系数和弹簧刚度。(6-24)式两端拉氏变换并整理得系统的传递函数：

$$G(s) = \frac{Y(s)}{X(s)} = \frac{cs+k}{ms^2 + 2cs + 2k} = \frac{2\xi\omega_n s + \omega_n^2}{s^2 + 4\xi\omega_n s + 2\omega_n^2} \tag{6-25}$$

式中：系统自振频率 $\omega_n = \sqrt{\dfrac{k}{m}}$，阻尼比 $\xi = \dfrac{c}{2\sqrt{km}}$。

系统的频率特性为：

$$G(j\omega) = G(s)\big|_{s=j\omega} = \frac{1 + j2\xi\dfrac{\omega}{\omega_n}}{2 - \dfrac{\omega^2}{\omega_n^2} + j4\xi\dfrac{\omega}{\omega_n}} = U(\omega) + jV(\omega) \tag{6-26}$$

系统的实频 $U(\omega)$ 与虚频 $V(\omega)$ 为：

$$U(\omega) = \frac{2 - (1-8\xi^2)\dfrac{\omega^2}{\omega_n^2}}{\left(2 - \dfrac{\omega^2}{\omega_n^2}\right)^2 + 16\xi^2\dfrac{\omega^2}{\omega_n^2}}$$

$$\tag{6-27}$$

$$V(\omega) = \frac{-2\xi\left(\dfrac{\omega}{\omega_n}\right)^3}{\left(2 - \dfrac{\omega^2}{\omega_n^2}\right)^2 + 16\xi^2\dfrac{\omega^2}{\omega_n^2}}$$

设系统的激励为正弦函数，即 $x(t) = x_0 \sin \omega t$，则系统的稳态响应为：

$$y(t) = x_0 [U(\omega) \sin \omega t + V(\omega) \cos \omega t] \tag{6-28}$$

一个振荡周期内激励端黏滞阻尼器的功耗：

$$W_T = \int_0^T c[\dot{x}(t) - \dot{y}(t)]^2 \mathrm{d}t = 2\pi c x_0^2 \cdot \omega \cdot \lambda(\omega) \tag{6-29}$$

式中：$\lambda(\omega) = [1 - U(\omega)]^2 + V^2(\omega)$。一个振荡周期内止端黏滞阻尼器的功耗：

$$W_T' = \int_0^T c\dot{y}^2(t) \mathrm{d}t = \pi c x_0^2 \cdot \omega \cdot \lambda'(\omega) \tag{6-30}$$

式中：$\lambda'(\omega) = U^2(\omega) + V^2(\omega)$。由(6-29)与(6-30)两式可以得到以下两个重要结论：

① 黏滞阻尼器的功耗与黏滞阻尼系数 c，激振幅值 x_0 的平方和激振频率 ω 成正比。因此非织造布焊接采用超声波（频率≥20 kHz）激振。

② 当 $\omega = \omega_n$ 时，$\lambda(\omega_n) = \dfrac{4\xi^2}{1 + 16\xi^2} < \dfrac{1}{4}$，$\lambda'(\omega_n) = \dfrac{1 + 4\xi^2}{1 + 16\xi^2} > \dfrac{1}{4}$；

即 $W_T < \dfrac{\pi}{2} c x_0^2 \omega$，$W_T' > \dfrac{\pi}{4} c x_0^2 \omega$，故 $\dfrac{W_T}{W_T'} < 2$。

当 $\omega \gg \omega_n$ 时，$\lambda(\omega) \approx 1$，$\lambda'(\omega) \approx 0$，即 $W_T = 2\pi c x_0^2 \cdot \omega$，$W_T' = 0$。

上面计算表明，ω 越大，激励端黏滞阻尼器与止端黏滞阻尼器的功耗差异越大，即激励端阻尼器与止端阻尼器的温差越大，有利于从激励端向止端的热传导。

2. 多自由度振动系统 图 6-25 所示为一多自由度振动系统，系统的止端为焊接表面，从焊件角度考虑，自然希望从激励端到止端各级阻尼器的功耗呈递减分布，以产生较大的温度梯度，加速向止端的热传导。

系统中各质量块的运动满足以下微分方程：

$$m\ddot{x}_i(t) + 2c\dot{x}_i(t) + 2kx_i(t) = c\dot{x}_{i-1}(t) + kx_{i-1}(t) + c\dot{x}_{i+1}(t) + kx_{i+1}(t)$$
$$(i = 1, 2, 3, \cdots, n-1) \tag{6-31}$$

$$m\ddot{x}_n(t) + 2c\dot{x}_n(t) + 2kx_n(t) = c\dot{x}_{n-1}(t) + kx_{n-1}(t) \tag{6-32}$$

(6-25)与(6-26)式两端拉氏变换并整理得：

$$x_i(s) = G(s)[x_{i-1}(s) + x_{i+1}(s)] \quad (i = 1, 2, 3, \cdots, n-1) \tag{6-33}$$
$$x_n(s) = G(s)x_{n-1}(s)$$

式中：$G(s)$ 的表达式与(6-25)式相同。

令 $$x_{i+1}(s) = G_i(s)x_i(s) \tag{6-34}$$

将(6-34)式代入(6-33)式中有：

$$x_i(s) = G_{i-1}(s)x_{i-1}(s) \tag{6-35}$$

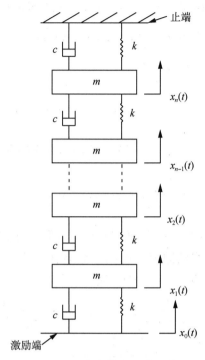

图 6-25   多自由度振动系统

式中：
$$G_{i-1}(s) = \frac{G(s)}{1 - G(s)G_i(s)} \quad (i = n-1, \cdots, 2, 1) \tag{6-36}$$

将(6-33)式中的最后一个表达式与(6-35)式比较得：

$$G_{n-1}(s) = G(s) \tag{6-37}$$

利用(6-37)式与(6-36)式可求得串联系统各级的传递函数 $G_i(s)$，如图 6-26 所示多自由度振动系统的传递函数方框图。

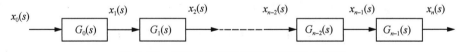

图 6-26   多自由度振动系统传递函数方框图

由(6-26)式得：

$$A(\omega) = |G(j\omega)| = \sqrt{\frac{1 + 4\xi^2 \cdot \eta}{(2-\eta)^2 + 16\xi^2 \cdot \eta}} \tag{6-38}$$

式中：$\eta = \left(\dfrac{\omega}{\omega_n}\right)^2$。

图 6-27 示 $A(\omega)$ 的变化曲线，由图可看出 $\dfrac{\omega}{\omega_n} \geqslant 6$，$A(\omega) \gg 1$。且 ξ 越大，$A(\omega)$ 下降

趋缓。

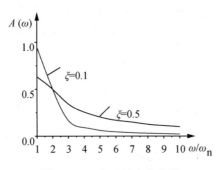

图 6-27　$A(\omega)$ 的变化曲线

故由(6-36)与(6-28)式不难得出,当 $\dfrac{\omega}{\omega_n} \geqslant 6$ 时有

$$G_{i-1}(j\omega) \approx G(j\omega) \quad (i = n, \cdots, 2, 1) \tag{6-39}$$

故由线性时不变系统得频率特性知,若系统的激励为 $x_0(t) = x_{00}\sin(\omega t)$,则各质量块的稳态响应为:

$$x_i(t) = x_{i0}\sin(\omega t + \phi_i) \tag{6-40}$$

对 $\omega \gg \omega_n$ 有

$$x_{i0} \approx A^i(\omega)x_{00} \quad (i = 1, 2, \cdots, n) \tag{6-41}$$

$$\phi_i \approx i\phi(\omega)$$

式中:$A(\omega) = |G(j\omega)|$,$\phi(\omega) = \angle G(j\omega)$。

图 6-26 示的多自由度系统每个质量块的输出端即为下一个质量块的"激励端",故由(6-29)式得第 i 个质量块输入端粘滞阻尼器的功耗为:

$$W_{T_i} = 2\pi c x_{i0}^2 \omega = 2\pi c A^{2i}(\omega)x_{00}^2 \cdot \omega \quad (i = 0, 1, \cdots, n-1) \tag{6-42}$$

而止端黏滞阻尼器的功耗 $W_T' \approx 0$。

由于 $\omega > \omega_n$ 时,$A(\omega) < 1$,故(6-42)式表示从激励端到止端各级黏滞阻尼器的功耗成等比级数下降,产生较大的温度梯度,加速了热量向止端的传导。而止端恰好是非织造布与其他制品的焊接接触表面,大量的热量加速传导到此接触表面又不能很快逸散促使非织造布表面熔化形成接头。而热传导与表面熔化均需要时间,故控制焊接时间非常重要,对连续焊接则要调整焊接速度。

超声波非织造布焊接时,在焊接接触面要加压。加压会改变非织造布的刚度 k(非织造布可视为一变刚度弹簧);压力增大 k 增大,ω/ω_n 比值减小,$A(\omega)$ 增大,各级黏滞阻尼器的功耗增加,产生较多的热量对焊接有利。但 $A(\omega)$ 增大则使温度梯度减小,不利于热传导。因此,控制焊接压力对焊接质量与生产率均至关重要。

（三）超声波焊接工艺参数选择的分析

超声波粘合、压花、熔边的主要工艺参数是振幅、振动频率、静压力及焊接时间。焊接需用的功率 $P(\mathrm{W})$ 取决于工件的厚度 $\delta(\mathrm{mm})$ 和硬度 $H(\mathrm{HV})$，并可按下式确定。

$$P = kH^{3/2}\delta^{3/2} \tag{6-43}$$

式中，k —— 系数。

其函数关系图，如图 6-28 所示。

由于在实际应用中超声波功率的测量有困难，因此常常用振幅来表示功率的大小。

超声功率与振幅的关系可由下式确定。

$$P = \mu SFv = \mu SF2A\omega/\pi = 4\mu SFAf \tag{6-44}$$

式中：P —— 超声功率（kW）；

$\quad\quad F$ —— 静压力（N）；

$\quad\quad S$ —— 焊点面积（$\mathrm{m^2}$）；

$\quad\quad A$ —— 振幅（$\mu\mathrm{m}$）；

$\quad\quad \mu$ —— 摩擦系数；

$\quad\quad \omega$ —— 角频率（$\omega = 2\pi f$）；

$\quad\quad f$ —— 振动频率（Hz）。

常用振幅约为 5~25 $\mu\mathrm{m}$。当换能器材料及其机构按功率选定后，振幅值大小还与聚能器的放大系数有关。

调节发生器的功率输出，即可调节振幅的大小。铝镁合金超声波焊点抗剪强度与振幅的实验关系图，如图 6-29 所示。

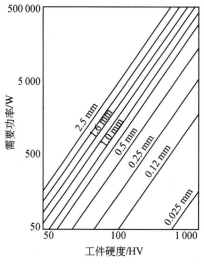

图 6-28　需用功率与工件硬度的关系

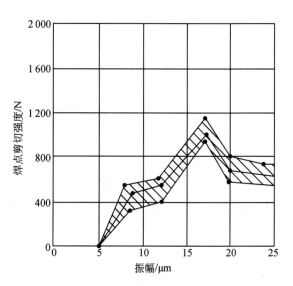

图 6-29　铝镁合金焊点抗剪强度与振幅的关系

当振幅为 17 μm 时抗剪切强度最大,振幅减小则强度显著降低,当振幅 $A<6$ μm 时,无论采用多长时间或多大的静压力都不能形成焊点。振幅还有一个上限值,超过此值后强度会下降,这与材料内部及表面发生疲劳裂缝以及由于塑性流动加剧,上声极埋入工件后削弱了焊点断面有关。

超声波焊的谐振频率 f 在工艺上有两重意义,即谐振频率的设计数值确定以及焊接时的失谐率。

谐振频率的选择以工件厚度及物理性能为依据。在用于薄件焊接时应选用高的谐振频率,这样可以在维持声功率相等的前提下降低需用的振幅。从而减少振动引起的疲劳损伤。功率越小,频率选用越高。

但是,由于频率的提高,声学系统内的传输耗损急剧增加,因而大功率焊机一般都在设计时选择 16~20 kHz 的较低频率,低于 16 kHz 的频率由于出现了噪声而很少使用。

一般来说,硬度与屈服极限较低的材料选择较低的工作频率。反之,则选用稍高的频率。一旦焊机谐振频率在设计时被确定后,从工艺角度讲关键在于维持声学系统的谐振。这是保证焊点质量及其稳定性的重要因素。由于超声波焊接过程中负载变化很剧烈,随时可能出现失谐现象,从而导致接头强度的降低和不稳定。

图 6-30 是焊点抗剪强度与振动频率的实验曲线。材料的硬度越高,厚度越大,偏离谐振频率(即失谐)的影响也就越显著。

静压力用来向工件传递超声振动能量,是直接影响功率输出及工件变形条件的重要因素。静压力的选择取决于材料硬度及厚度,接头型式以及使用的超声功率。

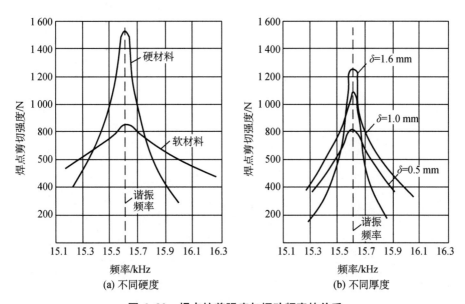

图 6-30　焊点抗剪强度与振动频率的关系

当输入功率不变时,焊点抗剪强度大小与静压力的关系如图 6-31 所示。

静压力过低时,很多振动能量将损耗在上声极与工件之间的表面摩擦上。静压力过大时,除了增加需用功率外,还会因工件的压溃而降低焊点强度。

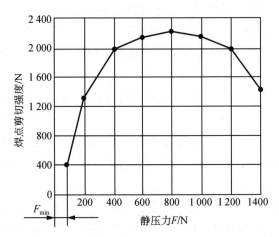

图 6-31　焊点抗剪强度与静压力的关系

参考文献：

［1］金邦坤，朱平平. 在防疫抗疫中大显身手的高分子材料［J］大学化学，2020，35(12)：64-70.

［2］杨建成，周国庆. 纺织机械原理与现代设计方法［M］.北京：海洋出版社，2006.

［3］陈革，杨建成. 纺织机械概论［M］.2 版.北京：中国纺织出版社，2021.

第七章
喷丝板清洗技术

第一节　喷丝板清洗技术概述

喷丝板(头)清洗技术是保证纤维质量的关键部件之一,是整个高性能纤维制造流水线上的一个关键部件,具有"四两拨千斤"的作用。21世纪初,各国对碳纤维等高性能纤维的质量之争已经全面升级,用于高性能纤维生产制造的喷丝板(头)性能优劣再次被推到提高国产高性能纤维产品质量的关键位置。

喷丝板(头)清洗技术的作用是将黏流态的高聚物熔体或溶液,通过微孔转变成有特定截面状的细流,经过凝固介质或凝固浴固化而形成丝条。因喷丝板(头)小孔的形状决定纤维的截面形状,而喷丝板(头)小孔在加工过程中出现畸形或使用过程中产生堵塞,都会引起纤维纤度不匀。喷丝板(头)堵塞是纺丝过程中最常见的现象,会严重影响纺丝的效率和丝条的质量,而且熔体在经过喷丝板(头)时带走的极微小的杂质也会造成纺丝断头或使纤维的单丝结构发生变化而引起强度降低。喷丝孔有黏连物之后,孔径会出现不规则等现象,喷丝板(头)形状的缺陷会影响纺丝溶液的可纺性。

清洗机理及环保方案经过实证分析,因为聚合物熔体为非牛顿黏弹性流体,在喷丝板(头)小孔中作黏性流动的同时,会发生弹性型变,减小弹性型变的方法除了降低熔体黏度之外,还跟减小熔体在小孔中的流动速度、长径比等有关。高性能纤维生产过程中大都采用长径比喷丝板(头),适合的长径比能提高纺丝质量,与此同时,在相同微孔直径的情况下,微孔越长,加工和清洗难度越大。

目前市场领先的清洗技术主要是以中科院声波研究所为主的超声清洗技术。超声波清洗机原理主要是通过换能器,将功率超声频源的声能转换成机械振动,通过清洗槽壁将超声波辐射到槽子中的清洗液保持振动,破坏污物与喷丝板(头)表面的吸附,引起污物层的疲劳破坏而被剥离。这种技术对长径比喷丝板(头)中的清洗而言,效果不是很理想。生产企业往往采取丢弃或用手工进行补救的办法,造成企业制造成本的居高不下。

一、喷丝板清洗方法

一般,喷丝板清洗方法分为煅烧法、盐浴法、Al_2O_3硫化床法、三甘醇溶液剂清洗法、真空炉热解法、超声波清洗法、干冰清洗法和水粒子清洗法等方法。

1. **煅烧**　一般控制的温度是400~500 ℃,目的是分解堵塞的聚丙烯;但在这个过程温度的均匀性以及温差变化控制实际上要求是非常高的,一旦控制不好就容易造成模具裂纹、模具孔变形、硬度发生变化;设备选型时一定要严谨;工艺温度要足够,一般情况从开始到结束需要 5~7 h;煅烧炉外形,如图 7-1 所示。

2. 超声波清洗　超声波清洗是目前在化纤生产中被普遍采用的高效清洗技术之一,尤其在喷丝板和熔体过滤器滤芯的清洗中应用更加广泛,可将喷丝板毛细孔中或过滤器烛型滤芯表面和内部的微粒全部去除掉,且被清洗部件所受到的侵蚀和破坏很小,可延长其使用寿命。用户可根据清洗量的大小和被清洗部件的尺寸选择超声波清洗机的功率和大小。

超声波清洗机本身没有太多的要求,但必须在零件经过煅烧并冷却到常温下开始进行清洗,一般的清洗时间需要 60~90 min。在这个环节,选择对的专用清洗剂非常重要,否则无任何效果。有的人说先用溶剂泡洗,然后超声波溶剂深度洗可以代替煅烧。但实际情况是,如果堵塞严重,是解决不了的。另外这种溶剂一般情况易燃,有的对人体呼入有害,所以不建议超声波溶剂清洗。超声波清洗设备外形,如图 7-2 所示。

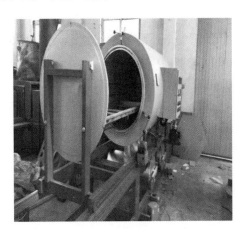

图 7-1　高温煅烧炉

图 7-2　超声波清洗设备

图 7-3　干冰清洗机

3. 干冰清洗　采用干冰做为载体,通过物理冲击力对零件孔道进行清洗,但这个过程仍然需要反复对零件加热,反复干冰冲洗;这不仅操作过程繁琐,而且最重要反复变温对喷丝板的金相组织有影响。干冰清洗设备外形,如图 7-3 所示。

4. 水粒子清洗机　水粒子清洗机采用德国原装核心部件,PLC 触摸屏智能控制,将普通的常温自来水转化成粒子状态对喷丝板进行物理清理,完全取代了传统的高温煅烧、干冰、超声波及化学溶剂等清洗方式,针对 1 600 mm 长度的喷丝板微孔部分处理过程也只需要 60 min 内就可以完成。因此,避免了传统清洗工艺数小时的处理过程,水粒子清洗机处理后的模具不存在模具变形、裂纹、化学损伤等任何问题。

水粒子清洗设备外形,如图 7-4 所示。

图 7-4 水粒子清洗机

5. **几种方法组合** 为了保证纺丝的质量,现在最好的办法就是将以上几种方法联合使用。德国的 RIETER 公司开发了一套标准的喷丝板清洗系统,它包括各种不同的技术,如图 7-5 所示。

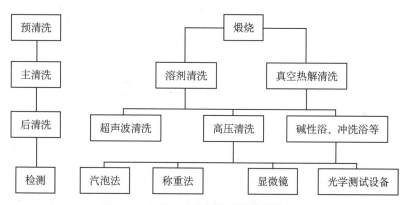

图 7-5 RIETER 公司的喷丝板清洗系统

一般情况下,真空煅烧炉的容量和温度是可以调节的,以适应不同种类煅烧部件的要求。锻烧熔炉的温度通常控制在 300 ℃以下,大约 80％的黏附聚合物可被缓和熔掉,这样可以使接下来的主清洗工序时间大幅度缩短,同时大大降低物质和能源方面的消耗。

为了给以后清除非聚合物污垢的清洗工序提供方便,主清洗工序主要是尽最大可能将锻烧后剩余的有机物从设备部件上去除掉,目前普遍采用的主清洗工序是溶剂清洗和真空热解清洗,效果非常好。

后清洗是清洗技术中最重要的工序,在这一阶段中,来源不同的污垢必须全部去除,目前常用超声波清洗和高压水清洗。

喷丝板经过预清洗、主清洗、后清洗等全部清洗工艺后,其微孔内凝结的高聚残留物并不能全部清除。为了保证良好的纺丝工艺和纤维成品质量,必须对清洗后的喷丝板进行检测和再清理。

二、喷丝板清洗方法对比

如表 7-1 所示为几种常用喷丝板清洗技术比较。

表 7-1　喷丝板清洗技术比较

清洗方式	高温煅烧＋超声波清洗		＋流体抛光	干冰清洗	水粒子清洗
对比项	高温煅烧	超声波清洗	流体抛光		
清洗用时	6～8 h	1～2 h	1～2 h	2～5 h	5～30 min
是否加热	400～500 ℃	60～80 ℃	否	280～350 ℃	否
清洗介质	无	自来水	抛光磨料	−78 ℃干冰颗粒	自来水
清洗耗材	惰性气体	专用清洗剂	抛光磨料	−78 ℃干冰颗粒	无
操作人员	简单	简单	复杂	复杂	自动
污染排放	烟气释放	废水	危废	无	无
模具损伤	短期未知	无	无	短期未知	无
工序配合	需要配合后道工序	需要配合前后道工序	需要前道配合	需要配合前后道工序	无需其他工序
总设备投入	3～10 万	1～5 万	20～100 万	10～20 万	30～40 万

从表 7-1 中看出,水粒子清洗比较环保,清洗效果也比较好。

第二节　粒子清洗技术

一、水粒子清洗机清洗工艺

将常压状态下的水,通过高压水发生装置(高压柱塞泵或是增压器)形成高压,经过控制系统,最后通过特制喷嘴喷出能量高度集中,速度非常快的水流,实现对喷丝板的清洗。水粒子清洗机在清洗喷丝板的时候,不需要任何煅烧,不需要加温干冰清洗,不需要化学清洗,清洗流程,如图 7-6 所示。

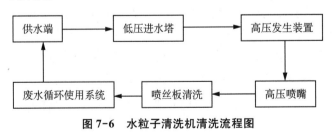

图 7-6　水粒子清洗机清洗流程图

二、清洗设备特点

目前,水粒子清洗技术应用较广,主要有如下特点:

(1) 高效:堵塞的微孔清洗,只需 30～60 min 全部完成;

(2) 智能:一键启动,清洗过程全部自动完成;

（3）适用性广：本机可清洗目前为止几乎所有的熔喷机喷丝板型号；

（4）无损：不煅烧、不加温、不用化学溶剂；

（5）环保：清水电驱，无任何污染排放；

（6）经济：自来水为清洗介质，无其他清洗耗材。

三、结构特点

（一）整机结构

水粒子清洗机结构原理如图 7-7 所示。

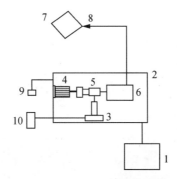

图 7-7　水粒子清洗机结构原理简图

1—PLC 控制台；2—高压供水系统；3—进水塔；4—感应电机；5—柱塞泵；
6—水箱；7—操作台；8—高压喷嘴；9—废水回收过滤端；10—供水端

（二）整机组成

整机组成如图 7-8 所示。

1. **高压发生装置**　由电机和高压水泵组成的泵组来产生高压水。

2. **控制系统**　由溢流阀、安全阀、喷枪扳机、电控装置等一起组成。

3. **执行系统**　由喷枪、喷头等组成。

4. **辅助机构**　由水箱、高压软管、框架、走行机构及连接管路等组成。

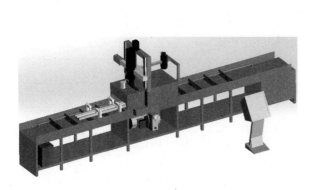

图 7-8　整机三维模型

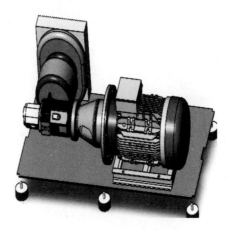

图 7-9　电机泵组三维模型

（1）电机泵组

高压泵是高压水射流能量的源泉，高压泵一般采用柱塞泵。高压柱塞泵包括高压三柱塞泵，此泵全部为卧式，它比立式更稳、振动小、装拆和维修方便。它也叫三缸泵，具有均匀的流量，压力脉动也相应减小。电机泵组如图7-9所示。

（2）水粒子发射装置

喷枪和喷头是高压水射流的清洗机构，也是高压水射流清洗的关键技术，作用是将高压水的压力能转变成射流的速度能，这股射流虽然质量不大，但其速率平方却像子弹一样，具有巨大的物理冲击力，可以实现对喷丝板的清洗。水粒子发射装置模型如图7-10所示。

图7-10　水粒子发射装置模型

图7-11　高压软管

（3）高压软管

包含多层钢丝编织层的特种胶管，可以用快速接头与主机和喷枪相连接，使清洗工作操作起来更灵活、方便。高压软管实物照片如图7-11所示。

（三）清洗设备参数

下面以天实公司水粒子清洗机参数为参考，如表7-2所示。

表7-2　天实水粒子清洗机参数

序号	项目	指标		备注
1	节拍时间(min)	10～100 min(可调)		
2	占地面积(m²)	长6.8 m×宽1.65 m		
3	操作工人数	1～2		
4	总功率(kW)	21		
5	环境影响	初始注入	30 L	废物排放量
		清洗消耗	240 LPH	
6	辅助用品及成本	清洗剂	无	

第三节　水粒子清洗设备选型

一、设备选型

设备选型时需要考虑的技术问题,影响水射流清洗机清洗效果的参数分析。

（1）泵输出压力:与射流打击力成线性关系;

（2）泵输出流量:对射流打击力有较大影响;

（3）高压管内径:对压力降有直接影响,对射流打击力有间接影响;

（4）高压管长度:对压力降有直接影响,对射流打击力有间接影响;

（5）喷嘴的直径:对射流打击力有很大影响,存在最佳喷嘴直径;

（6）射流的靶距:对射流打击力有很大影响,存在最佳靶距。

二、喷嘴设计

高压喷射装置是清洗机的直接工作机构。其中,喷嘴又是将高压水的压力能直接转成破碎结垢物速度能的核心元件。它的性能和质量决定着整台清洗机清洗效率的高低。故喷射枪具的好坏是清洗机使用者最关注的问题。它的设计应该遵循下面三个条件:

（1）保证高压水泵在额定压力、流量和功率情况下工作;

（2）喷嘴孔形设计保证高压水射流具有较高的致密性、集束性和打击效率;

（3）直接磨损件——喷嘴要有较高的加工精度和较长的使用寿命。

高压喷嘴是能量直接转换元件,因此也是清洗机的易损件。每个清洗机的使用部门都希望喷嘴有比较长的使用寿命,以降低清洗成本和减少频繁更换喷嘴的麻烦。喷嘴寿命的提高主要取决于材质选择、加工质量和硬度处理几个环节。

（1）材质选择。材质选择与高压水泵压力直接相关。如 10 MPa 以下压力的低压清洗机,可以选用青铜或黄铜作材料;而 15～100 MPa 中压和高压清洗机则宜用合金不锈钢、碳钢作材料;100 MPa 以上超高压清洗机常用硬质合金、人造宝石和金刚石作喷嘴材料,或在不锈钢中镶嵌这些材料。

（2）提高硬度。选用不锈钢等钢材制作喷嘴时,应当选用中碳以上钢材,以便通过调质和淬火提高其表面硬度和耐磨性,进而提高使用寿命。

（3）提高精度。喷嘴加工,特别是作为流道的内孔应当精加工,如铰孔、研孔,或者用电火花、激光和超声波精加工。粗糙度限制在▽∼▽之间。

三、高压泵组的选用

高压泵组包括柱塞式高压水泵,调压阀、安全阀、压力表等控制装置。高压泵组是清洗机高压水的发生装置,因此,它必须保证额定压力和流量的高压水输出,同时保证有较长的使用寿命,另外,还需要有方便的维护检修内部构造和联接体系。高压泵组还需要有更大的压力、流量和功率的选择范围,方便用户进行主要参数选择。最后,高压泵组必须有足够的机械强度和较长的使用寿命。

四、高压胶管的选择

1. 高压胶管内径的选择　必须同时考虑高压胶管内部压力损失的大小及高压胶管外部与大管道底面摩擦阻力的大小。胶管直径 d 越大,则压力损失 P 越小,射流最后打击力也越大。

2. 高压胶管的长度选择　高压胶管长度 L 越短,则压力损失 ΔP 越小,喷头上有效打击力越大。故在清洗作业中,高压胶管长度尽可能减短,即从卷筒上拆下多余部分胶管。只有在长距离管道清洗时才不得不将高压胶管接长。

五、维护与保养

设备的维护保养对顺利进行日常作业、提高设备运转率都有很大的作用,同时也是保证操作人员安全所必需的。

(1) 设备的检修主要项目有:

高压水泵动作的声音是否正常;

高压水泵、高压水管路有无漏水(包括高压管有否劣化和破损);

喷嘴部位有无漏水(包括喷射孔有无漏水现象);

高压水射流形态和声音;

检查软管有否发生松弛或鼓起;

检查高压水喷嘴有无附着物或损伤,并作检修或更换。

(2) 定期进行全面的保养维护有助于:

避免造成昂贵的维修成本;

避免造成过多的维修停机时间;

保证设备安全;

延长设备使用寿命。

(3) 设备保养期限:

泵组为 12 个月(多班次运行);

喷嘴为 3~6 个月;

过滤滤芯为 1 个月(根据水质不同适当调整);

综合费用预估 5 000 元/y。

六、现有技术的不足和改进方向

(一) 夹具部分

喷丝板在清洗完一面,需要对另一面进行清洗时,需要人工手动翻转喷丝板,自动化程度不够高,无法最大程度节省人力。针对不同类型的喷丝板,需要不同的夹具夹持,如图 7-12 所示。

改进方向:通过自动翻转夹具,可以实现喷丝板的自动反转,节省人力。

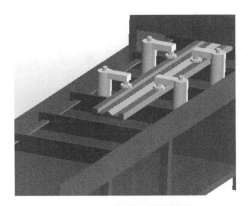

图 7-12 清洗机夹具模型

(二) 喷头部分

目前此喷头部分只能实现水平和竖直方向的移动,仅垂直清洗,不能很好满足复杂形状喷丝板的清洗要求,如图 7-13 所示。

改进方向:可以夹持不同形状、规格、材质的喷丝板,如图 7-14 所示为水粒子发射改进装置。

图 7-13 水粒子发射装置

图 7-14 水粒子发射改进装置

参考文献:

[1] 沈兵. 纺丝部件的清洗技术及设备[J]. 聚酯工业,2007,20(4):59-60.

[2] 李春妹. 超声波清洗技术及其在纺织行业的应用[J]. 纺织器材,1997(3):26-27.

[3] 付辉. 喷丝板微孔清理机器人的研究[D]. 沈阳:东北大学,2014.

[4] 马建伟,陈韶娟. 非织造布技术概论[M]. 北京:中国纺织出版社,2008.

[5] 程隆棣. 湿法非织造布工艺、产品及用途[J]. 产业用纺织品,1998(3):5-9.

[6] 郭秉臣. 非织造布学[M]. 北京:中国纺织出版社,2002.

[7] 王昕,何兆秋. 湿法无纺布[J]. 黑龙江造纸,2006(2):41-43.

[8] 沈志明. 新型非织造布技术[M]. 北京:中国纺织出版社,1998.

第八章
纺黏和熔喷非织造技术发展趋势

纺熔非织造布应用广泛,在医疗、卫生、包装、防护、土工、建筑等领域表现出了卓越的竞争优势。随着消费需求的升级,这些领域对非织造布产品提出了更高端和多元化的要求。

非织造布产品原料和功能越来越多元化,非织造布产品的差异化、绿色化和高端化及高性能化开发需求越来越迫切。尤其是生物质纤维和再生纤维的推广应用,推动了卫生用品、擦拭材料、医用敷料等一次性产品以及包装材料和农业用纺织品中棉、麻、黏胶、聚乳酸、壳聚糖、海藻等生物质纤维的应用比例迅速提升和绿色可降解产品的快速推广应用。此外,在土工建筑、交通运输、环境保护、渔业养殖等领域再生纤维的应用比例也逐渐提高。

非织造布装备技术的节能降耗、智能化、柔性化也越来越备受重视。具备全流程自动化、生产状态在线监测和反馈调整、智能管理等特征的智能生产线逐渐推广应用,自动上料、自动分切、包装、智能物流仓储系统在行业逐渐广泛应用,国产智能装备化水平在迅速提升。

第一节　原料的多元化和功能化

1. 原料的多样化和绿色化

虽然直到目前为止,一半以上的纺熔及复合非织造布都是使用 PP 原料制造的,但非织造布所用的原料已不限于 PP,现在国内外已开始使用聚酯、聚酯基 PBT、PE、弹性 PU、聚三氟氯乙烯、尼龙 6 等原料生产高性能产品,采用上述材料的双组分纺熔设备也已经投入使用。

日本 NKK 公司已经能使用 PP、PET、PE、PLA 原料制备熔喷非织造产品,纤维的细度可达 1 μm,纤网定量为 3～300 g/m^2,纤网的均匀度也达到了很高的水平。

我国用可生物降解的聚乳酸(PLA)、聚酰胺酯(PEA)和 PBAT 等制造的纺黏、熔喷非织造产品已经面世,随着国家禁塑令的推广,将有很好的市场前景,但在产品质量和舒适性等方面仍需改进提升。

2. 耐高温原料

随着国家对环保要求的提高,用耐高温材料如聚苯硫醚(PPS)制备非织造过滤材料的需求越来越广,PPS 具有优良的耐高温、耐腐蚀、耐辐射、阻燃性以及均衡的物理机械性能、极好的尺寸稳定性和优良的电性能,其热变形稳定可达 260 ℃,连续使用温度 200～240 ℃,耐腐蚀性接近四氟乙烯,在高温空气过滤、除尘领域有广阔应用前景。

由于熔体直接纺丝成网技术相对于传统的短纤梳理针刺制备非织造过滤材料的技术具有明显的成本优势,纺黏、熔喷耐高温非织造过滤材料和制品的产业化应用前景广阔。

3. 高弹性原料

针对一般非织造产品断裂伸长率小的缺点，Exxon-Mobil 公司利用茂金属催化剂技术，开发了一种牌号为威达美（Vistamaxx）的特种弹性体聚烯烃树脂，用这种树脂制造的非织造布具有很宽的弹性性能，而且可直接在常规的 PP 设备上加工。

用这种弹性体制造的产品具有很大的拉伸伸长率，如 VM2320 的 MD 方向伸长率可达 225％，CD 方向伸长率可达 300％，拉伸后的伸长形变仅有 14％～16％；VM230 的 MD 方向伸长率可达 168％，CD 方向伸长率可达 180％，拉伸后的伸长形变仅有 18％。形变较小，表示产品在拉伸后有较好的回弹性。

4. 高性能原料

日本的东洋纺公司（Toyobo）开发了一种名为 Tsunooga 高强度熔喷 PE 纤维，这种纤维质量轻，抗切割能力优于对位芳纶，耐光、耐水，化学性能稳定。

美国双轴纤维膜公司开发了一种超高强熔喷材料，其强度是常规熔喷材料的 10 倍，用这种材料在一个纺丝系统就能生产出具有 SMS 性能的产品，除了可以大幅度降低生产成本外，在拉伸强力、阻隔性能、过滤性能等方面与 SMS 产品相同。

第二节　新工艺和新技术

1. 高孔密度喷丝板

美国希尔思（Hills）公司的熔喷技术专利使用了孔距较密（3 937 孔/米，即 100 孔/英寸）的喷丝板，最小孔径为 0.125 mm，喷丝孔的长径比为 $L/D = 60$，能在 103×10^5 Pa（1 500 Psi）的压力下使用，喷丝孔两端的压力差可从标准的 2.8×10^5 Pa（40 Psi）增加到 13.8×10^5 Pa（200 Psi）多。

图 8-1 为用 3 937 孔/米（100 孔/英寸）喷丝板纺制的熔喷纤维电子显微镜照片，用图中的比例尺进行测量，可得出如图 8-2 的纤维分布图，从图中可看到直径小于 1.5 μm 的纤维所占的比例达 82.4％，比一般的熔喷产品细很多，从而使产品具有更良好的性能。

目前希尔思公司 3 937 孔/米的单组分、高密度喷丝板已投入产业化应用。孔密更大的 7 874 孔/米（200 孔/英寸）的喷丝板也已经研制成功。用这种喷丝板制造的定量为 7.75 g/m² 的熔喷布，纤维的平均直径为 750 nm，阻隔性能优异，其静水压可高达 6 867 Pa（700 mm 水柱），相当于普通的 15～20 g/m² 的熔喷布的静水压值，具有很好的实用前景。

纺黏生产中的高孔密度纺丝技术也是一个重点发展方向，国内 6 600 孔/米以上的喷丝板已经得到了广泛应用。

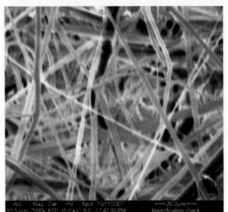

图 8-1　3937 孔/米（100 孔/英寸）喷丝板纺制的熔喷纤维电子显微镜照片

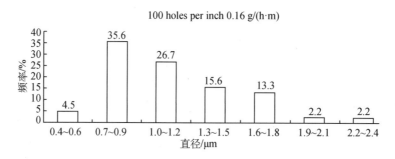

图 8-2　希尔思公司的熔喷纤维分布

2. 双组分纺丝技术

图 8-3 所示为希尔思公司双组分熔喷生产线。希尔思的双组分熔喷设备能生产皮芯形、并列形、尖端三叶形、尖端十字形、橘瓣形的双组分纤维,纤维的直径约 2 μm,喷丝孔的直径在 0.10～0.15 mm,孔密度为 1 378 孔/m 的双组分喷丝板也得到了推广应用。

由于喷丝孔的直径很小,要求聚合物原料要有较好的流动性,熔融指数大于 1 000 g/10 min,而且要非常干净。

双组分熔喷布能克服一般的熔喷非织造布强力偏低、不耐磨的缺点。该技术已用来生产纳米纤维,纤维的平均细度为 250 nm,而分布范围在 25～400 nm 之间。这种熔喷布产品的平均孔径很小,具有很好的过滤、阻隔性能,已用于血液过滤(图 8-4)。

图 8-3　希尔思双组分熔喷生产线

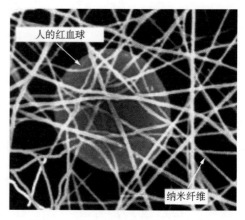

图 8-4　纳米熔喷纤维用于血液过滤

3. 纳米级纤维材料的制备工艺和技术

纳米熔喷纤维用作过滤材料时,能显著提高过滤效率;用作 SMS 中的熔喷层,可比普通材料承受更高的静水压,或在同样的静水压下,可减少熔喷层的用量,从而达到降低成本的目的。

NTI(Nonwoven Technologies)也开发了生产纳米熔喷纤维的工艺和技术,其用于纺制纳米熔喷纤维的组合式薄型喷丝板组件的结构如图 8-5 所示,其中 3 为带有喷丝孔 6 的喷丝薄板单元,1 和 2 为牵伸气流通道,5 为阻隔薄板单元,将两者以一个隔着一个的方式叠合在一起,并采用特殊方法将其组合起来,就形成垂直排列的喷丝板组件,喷丝板组件的总长度可大于 3 m。

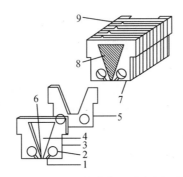

图 8-5　NTI 组合式薄型喷丝板组件

1—牵伸气流出口；2—牵伸气流通道；3—喷丝薄板；4—熔体通道；
5—熔体隔板；6—喷丝孔；7—喷丝组件；8—熔体通道；9—熔体隔板的熔体进入口

各单元的缺口 9 即隔板 5 的 V 形开口为熔体的进入口，内腔 8 是容纳和传输熔体的通道，因而熔体可依次通过内腔传输给各喷丝薄板的喷丝孔，在纺丝泵产生的压力下，将熔体挤出喷丝孔。与此同时，分布在喷丝孔两侧的孔眼 2 沿纺丝组件的 CD 方向的全长是贯通的，热的牵伸气流在其中通过，并从喷丝孔两侧高速喷出，将挤出的熔体细流牵伸成为熔喷纤维。

为了纺制纳米纤维，喷丝孔的孔径比普通熔喷设备的喷丝孔细小得多，NTI 可采用的最细孔径为 63.5 μm（一般熔喷系统的喷丝孔的孔径为 0.3 mm），用这种喷丝板纺出的纤维直径大约为 500 nm。

由于喷丝孔孔径小，单孔的熔体流量很少，只有采用增加喷丝孔数量的方法才能提高产量。因此 NTI 的喷丝板有 3 排或更多排的喷丝孔，图 8-6 所示为有 4 排喷丝孔的喷丝薄板单元。当喷丝孔的孔径为 0.063 5 mm 时，如用有 3 排孔的喷丝板，则单排喷丝孔为 2 880 孔/m，如用 3 排则喷丝孔为 8 661 孔/m（220 孔/in），系统在这时的产量就与普通的熔喷系统相当。

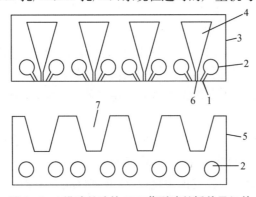

图 8-6　4 排喷丝孔的 NTI 薄型喷丝板单元组件

1—牵伸气流出口；2—牵伸气流通道；3—喷丝板；4—熔体通道；
5—隔板；6—熔体出口；7—熔体入口

4. 熔喷工艺纺黏化

熔喷工艺纺黏化也是不同成网工艺间互相渗透的一个方向。就是在熔喷系统中，改变原来用高温热空气牵伸的方法，而是仿照纺黏法工艺，通过聚冷装置（如喷水冷却）使纤维聚冷成形，提高了纤维的结晶度和取向度，改变了以往熔喷布强度低的弱点，纤维也具备了长丝的属性,纤网仍可采用自黏合,成品蓬松性好,外观及悬挂性均较佳,断裂伸长可达到30%~40%,其性能已经和纺黏法的产品相近。

5. 绿色制造技术

生产线节能减排、边废料回收利用、原材料自动供给等绿色制造技术将越来越受到关注。

在生产线的能耗控制方面,从工艺设计优化到制造过程都要考虑节能问题。包括螺杆加热系统、熔体输送管路的保温、模头加热保温方式、冷却风箱的设计和保温、牵伸风机的设计和选型、工艺空调系统中抽吸回风的热能和冷量利用、抽吸风系统的管路设计等,以节约能源、降低能耗。

边废料的回收利用方面,一方面要采用新工艺新技术提高纤网的成型质量,减少边料产生;另一方面通过在线回收系统直接将边料送入生产线中或离线集中造粒回用,减少原料浪费。

在原料供给方面,可通过生产线精确计量系统,实现全程自动上料和多种原料按比例均匀混合,故障缺料及时报警等功能,减少人工干预和原料占地面积。

第三节　新结构和新系统

1. 模块化结构标准化设计

根据生产工艺特点,将纺熔复合生产线分解为纺黏系统、熔喷系统、成网系统、热轧及分切卷绕系统、在线检测与控制系统、上料系统、空调系统、维修保养系统等模块,每个系统作为一个独立单元进行标准化设计加工。

其中,纺黏系统又可划分为纺丝、牵伸、冷却、扩散等主要模块,每个模块进行系统化优化设计,提高设计质量和效率的同时,还保证了部件的生产加工与装配精度,提高了设备的稳定性和可靠性,为生产线高速、稳定运行奠定基础。

以狭缝牵伸式纺黏系统为例:

熔体过滤器和计量泵采取模块化标准设计后,可以在加工厂实现全部部件的集成后再在现场组装,极大缩短了安装周期,提高了安装质量和精度。

纺丝牵伸侧吹风系统根据纺丝工艺特点采用牵伸、冷却双层独立送风,模块化一体化设计,满足高产量、高速度下的纺丝成形工艺要求。

牵伸扩散风道采用整体设计,实现风道宽度在线可调节,扩散板形状、补风口间隙在线可调节等先进功能,减少干扰风影响,提高产品质量。

高速成网机采用整体的墙板式模块化设计,并有自润滑装置、自纠偏系统,安装精度高、高速运行稳定性好。

2. 柔性化幅宽设计

美国诺信(Nordson)公司已开发了一种纺丝箱体能在水平面旋转一定角度的双组分熔喷生产系统。箱体可根据需要回转,从而可在不改变产量的条件下,方便地改变成网宽度,这样不仅能大幅减少边料消耗,而且能提高均匀度,调整 MD/CD 方向的性能。纺丝箱体旋转时,相应的熔体管道,牵伸气流管道,冷却风管道,成网机的成网风箱,与成网风机的连接等一系列设备也要跟着旋转,因此系统的结构十分复杂。

3. 智能控制和管理系统

纺熔生产线在高速运行状态时,要实现对产品质量和生产设备的运行状态进行实时监测和控制,普通的操作人员是难以实现的,必须开发智能控制系统。智能单机、智能产线和智能工厂是非织造设备发展的必然趋势。同时,智能远程运维系统、客户订单和工艺信息、质量指标管理等系统的开发应用也会越来越广泛。

第四节 多模头复合化

纺熔复合(SMS)生产线向着多系统(6~7 个纺丝系统)、高速度(1 000 m/min)、大幅宽(3.2 m,4.2 m,5.2 m 等)、低纤度、双组分、功能性等方向发展。纺丝系统可根据不同用户的市场需求,灵活采用纺黏、熔喷不同的组合形式。

目前,市场上 SMS 型生产线较为典型的性能参数是:生产线具有双组分产品生产能力,最大幅宽已达 7 000 mm,运行速度可达 1 000 m/min,产品的最小定量约为 8 g/m²,纺黏系统的产能为 240 kg/(h·m),纤维的最小细度为 1.1 dtex,熔喷系统的产能为 60 kg/(h·m),纤维的最小直径为 1~2 μm。具有高效、节能、宽幅、高速特点的非织造布生产线将成为市场主流。

当前,信息技术已经渗透到整个纺织工业的各个行业,并与企业的生产、产品、服务、品牌等密切相关。纺黏熔喷非织造生产制备技术将朝着数字化、智能化、高端化、绿色化方向快速发展。非织造生产装备的发展,一是已逐渐采用用户友好的易操作人机界面,储存最佳的工艺参数,能够快捷查找各种信息;二是建设智能工厂和智能产线,通过在线监测、智能管理、自动化生产和 AI 自学习技术,实现个性化定制生产,持续监测生产过程和产品品质的变化,遇到问题系统会及时发出警告,同时提供工艺参数调整的相关信息和问题解决方案;三是通过大数据分析能够故障预测,例如预测纺丝组件连续稳定运行的剩余时间,做出状态评价,为操作人员提供预防性维护的信息。

对纺机制造业来说,智能制造和高质量发展是装备制造业的两大任务。采用数字化、网络化、智能化技术,借助 5G 通讯等各种通信手段,通过网络提供产品加工信息,实现加工产品的精确定位,减少加工误差。从产品质量上看,数字化、网络化、智能化和精益生产管理,能够有效避免人为因素带来的质量问题,有效地实现加工过程的自动化;从生产流程角度来看,数字化、智能化将加工产品的搬运、上机安装、调试等程序有机地结合起来,最大限度地简化生产和管理程序,有效提高了生产效率;从生产成本上看,数字化、智能化加工技术可以大幅度降低加工产品的周期和报废率,从而降低加工成本。

总之,人民对美好生活的需求和高质量发展的需要,推动我国非织造产业向着高端化、智能化、绿色化、柔性化方向发展。我国纺织原材料的生产、加工和使用在国际上处于领先地位,推动了纺黏、熔喷非织造材料和产品制备工艺和装备技术的高质量发展。纺熔双组份结构、多工艺复合的高速度、高产能、高柔性、高智能、低能耗、低用工非织造生产线,低密度、低纤度、低不匀率和高附加值、高功能性的非织造材料和制品将是未来纺熔及其复合非织造技术的重点发展方向。

参考文献：

[1] 柯勤飞,靳向煜.非织造学[M].上海:东华大学出版社,2016.

[2] 刘玉军,张军胜,司徒元舜.纺黏和熔喷非织造布手册[M].北京:中国纺织出版社,2014.

[3] 迈切里 W.塑料橡胶挤出模头设计[M].李吉,王淑香,译.北京:中国轻工业出版社,2000.

[4] 郭合信,何锡辉,赵耀明.纺黏法非织造布[M].北京:中国纺织出版社,2003.

[5] 阿达纳 S.威灵顿产业用纺织品手册[M].徐朴,等,译.北京:中国纺织出版社,2000.

[6] 刘玉军,张金秋.我国纺熔复合非织造布生产线的现状、创新与发展[J].产业用纺织品,2011(11):1 -4.

[7] 司徒元舜,麦敏青.国产 SMS 非织造布生产设备的发展[J].纺织导报,2012(1):84-90.

[8] 刘玉军,吴忠信,韩涛.国内外纺丝成网非织造布技术现状与发展趋势[R]//2006/2007 中国纺织工业技术进步研究报告.北京:中国纺织信息中心,2006.

[9] 宏大研究院有限公司.产品作业指导书[G].

[10] WADSWORTH L C.纺黏和熔喷先进技术和产品介绍[C]//中国第十五届(2008 年)纺黏和熔喷法非织造布行业年会论文集.广州:中国产业用纺织品行业协会纺黏法非织造布分会,2008.

[11] GEUS H G.纺黏和熔喷技术的未来[C]//中国第十五届(2008 年)纺黏和熔喷法非织造布行业年会论文集.广州:中国产业用纺织品行业协会纺黏法非织造布分会,2008.

[12] 靳向煜.中国纺织大学非织造工艺技术研究论文集[C].上海:中国纺织大学出版社,1997.

[13] 卢福民.纽马格的纺黏和熔喷技术[C]//2006 年全国纺黏和熔喷法非织造布行业年会论文集.广州:中国产业用纺织品行业协会纺黏法非织造布分会,2006.

[14] WILKIE A.希尔斯开放式纺黏系统[C]//中国第十五届(2008 年)纺黏和熔喷法非织造布行业年会论文集.广州:中国产业用纺织品行业协会纺黏法非织造布分会,2008.

[15] 陈康振.SMS 复合非织造布的生产、用途及其发展[J].非织造布,2004(1):10-14.

[16] 司徒元舜.国产纺丝成网非织造布设备的发展现状[J].纺织导报,2010(12):63-66.

[17] 张金秋,胡芳,刘玉军,等.熔喷工艺参数对多头纺熔复合非织造材料结构性能的影响[J].产业用纺织品,2013(11):20-23.

[18] 史露露,刘玉军,李贞兵,等.亚微米纤维复合非织造过滤材料的制备及性能分析[J].产业用纺织品,2019(11):25-33.

[19] 意大利 STP 公司.高品质的纺黏法非织造布生产线[R].

[20] Nordson(诺信公司).熔喷技术专利:U.S.P 7001567 Nordson[P].